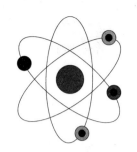

孩子读得懂的
量子力学

李朝晖
LI ZHAO HUI

著

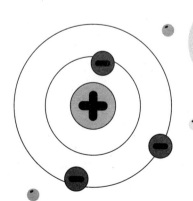

U0267814

北京理工大学出版社
BEIJING INSTITUTE OF TECHNOLOGY PRESS

图书在版编目（CIP）数据

孩子读得懂的量子力学 / 李朝晖著. — 北京 : 北京理工大学出版社, 2021.3（2022.9重印）

ISBN 978-7-5682-9388-4

Ⅰ.①孩… Ⅱ.①李… Ⅲ.①量子力学－青少年读物

Ⅳ.①O413.1-49

中国版本图书馆CIP数据核字（2020）第263613号

出版发行 / 北京理工大学出版社有限责任公司

社　　址 / 北京市海淀区中关村南大街5号

邮　　编 / 100081

电　　话 / （010）68914775（总编室）

　　　　　（010）82562903（教材售后服务热线）

　　　　　（010）68948351（其他图书服务热线）

网　　址 / http://www.bitpress.com.cn

经　　销 / 全国各地新华书店

印　　刷 / 三河市冠宏印刷装订有限公司

开　　本 / 787毫米×1200毫米　　1/16

印　　张 / 11.5

字　　数 / 118千字

版　　次 / 2021年3月第1版　2022年9月第2次印刷

定　　价 / 45.00元

责任编辑 / 王玲玲

文案编辑 / 王玲玲

责任校对 / 刘亚男

责任印制 / 施胜娟

智慧树上的金苹果

传说亚当与夏娃居住在伊甸园，衣食不愁，其乐融融。某一天夏娃受了蛇的诱惑，和亚当一起偷吃了禁果，被上帝赶出了伊甸园，从此人类就开始了苦难的生活。

这听起来是个悲伤的故事，实则非常励志。在伊甸园，纵然无忧无虑，却始终是被温室包裹的花朵，只有胸无大志的檐下雀、井底蛙才会喜欢，作为万物之灵的人类又怎会苟且偷安？只有走出伊甸园，人类才可能成为世界的主人。

在人类前进的道路上，总会出现一团又一团的迷雾，只有勇敢的人们才可能穿过迷雾，摘取智慧树上的金苹果。

在智慧树下，曾经倒下无数的勇士，也诞生了无数的英雄。在他们的努力下，人类终于摘到了智慧树上最大的两颗金苹果，从此拥有了堪比伊甸园的生活。

而其中一颗金苹果，正是量子力学。

量子力学描述的是微观世界的秘密，也被称为"上帝最后的秘密"。

翻开这本书，看那些活在教科书里的物理巨匠们，演出一段段爆笑的"神仙打架"！接下来做好准备，与"量子力学"这门高冷学科来一次热情拥抱吧！

目录

目录

C O N T E N T S

第 一 章

量子力学的起源：乌云下的"三剑客"

1. 比黑洞还黑的黑体

各位同学一定都很熟悉，在每次期末考试之后，班主任都会组织一次班会，说一下这个学年大家的学习情况，也许还会邀请学霸来谈一下学习经验。其实不只是我们，科学家们也喜欢开这样的会，不过他们并不是每年都开。

在一百多年前的1900年4月27日，科学家们打算开一个会，总结一下上一个世纪以来的工作，还请了一位学霸进行总结报告，这位学霸就是开尔文爵士。

开尔文爵士是个天才，他十岁就上了大学，二十二岁就成为大学教授，是当时最优秀的科学家、热力学的创始人之一。

爵士的成就还不止于此，他还是当时最杰出的工程师，主持铺设了世界上第一条海底电缆，所以由他来做这个报告再合适不过。

在大会上，开尔文爵士认为当时的形势一片大好，科学问题基本得到了解决，以后的物理学家将无事可做，唯一可做的就是把实验数据做得更精确一些。

这听起来有点吹牛，并且是开尔文爵士说的，更加让人觉得有点问题，因为开尔

开尔文爵士（1824—1907），英国物理学家

文爵士经常说一些错误的预言，他曾经声称任何比空气重的机器都不可能在天空翱翔，这错得有点离谱了，现在飞机都已经成了重要的交通工具，而飞机毫无疑问要比空气重，这次是不是开尔文爵士又说错了呢？

这次开尔文爵士还真没有吹牛。

当时，伟大的牛顿爵士解决了力学问题，把天地万物纳入了牛顿力学之中，无论日月星辰还是飞花落叶，都要遵从牛顿的智慧；法拉第和麦克斯韦则解决了电磁学问题，开阔了人类的视野；开尔文爵士和一众英雄发现了热力学的秘密，现在的汽车、火车、轮船的发动机都还遵从热力学的规律。

不过作为优秀的科学家，爵士还是谨慎地指出了当时科学界还有两个小问题没有解决——这就是传说中的"两朵乌云"。

非常遗憾的是，在这个问题上爵士又错了，这看起来只是万里晴空下两朵微不足道的小乌云，带来的却是一场科学新革命的暴风雨。

两朵乌云，其中一朵乌云带来了爱因斯坦的相对论，另一朵乌云则带来了量子力学。而带来量子力学的那朵乌云其实就是关于黑体的问题。

要说黑体，就得先说什么是黑；要说什么是黑，就得先说什么是颜色；要说什么是颜色，就要从光说起。

我们都知道，白光可以分解为赤橙黄绿青蓝紫七种颜色。

我们看到一个红色的物体，是由于这个物体吸收了其他颜色的光，把红光反射到了我们的眼睛里，所以我们就看到了红色；绿色物体自然就是吸收了其他颜

色的光，反射了绿光……依此类推。

而关于黑色，你们一定都听过一句话：天黑得伸手不见五指。

其实"伸手不见五指"只是一种比喻，在现实生活中，我们都见不到这种黑。乌云笼罩下的夜空，也会有模糊的星光穿透乌云；在没有月光的夜晚，也还有街头的点点灯光……那么，到底有没有"伸手不见五指"的黑呢？

还是有的，那就是黑体。

黑体是一种假想的物体，只存在于想象之中，在现实中并不存在。我们平时所见的黑色物体，都是只吸收光而不反射光，而黑体不仅吸收光，它连电磁波都吸收（光也是一种电磁波，我们会在以后的章节中详细说这个问题，在这里，我们只要知道黑体是宇宙间最黑最黑的物体就可以了）。

不过黑体也并不是在任何情况下都这么抠门，要是把黑体架在火上烤，黑体的温度就会升高，这时候黑体就可以辐射电磁波，甚至发出光来。并且黑体有一个非常特别的性质，那就是黑体的辐射只和温度有关，温度的不同，黑体辐射出来的光的颜色也不同，随着温度的升高，黑体会依次发出红——橙红——黄——黄白——白——蓝白各种不同颜色的光。

既然黑体只是一种假想出来的物体，那么科学家们为什么还要研究它呢？

因为黑体就好比是数学中的"1"，任何一种现实中的物体，只要乘以一个系数，就可以知道这种物体的辐射规律。

这一点太重要了，新冠肺炎疫情期间用来测量体温的测温枪就是利用了这一点，测温枪接收了人体发出的辐射，反射回来就知道了人体的温度。

辐射规律的应用还不止于此。每天太阳都会温暖地照耀着大地，可是太阳的温度有多高呢？总不能飞到太阳上去测量吧。所以我们只要分析一下太阳光的颜色，就可以知道太阳的温度了。同样，我们也可以用这种方法来分析夜空中闪烁的星星的温度。

但是在当时，研究黑体辐射规律时出了大问题，这也就是开尔文爵士所说的"两朵乌云"中的一朵。

科学家们根据实验数据总结出了黑体的辐射规律，在这个过程中，需要运用到科学界的第一条铁律——奥卡姆剃刀原则。

奥卡姆剃刀原则就是尽量用最少的规律来概括世间万物运行的规则，小读者们要用心记住哦，这是一条非常重要的规则，以后我们会反复提到。

依据奥卡姆剃刀原则，科学家们觉得黑体辐射应该可以用一条规律来表达，但大家一直没有找到这条规律，所以开尔文爵士才说，这是物理学上空一朵乌云的原因。

2. 量子假说

在开尔文爵士提出"两朵乌云"之后半年，德国物理学家普朗克就解决了这个问题，不过他的解决方法却震动了整个科学界。

普朗克出身世家，可以说是书香门第，他的曾祖父和祖父都是神学教授，神学在当时可谓最热、最显赫的学科，一代天骄牛顿就是神学大师。普朗克的父亲和叔叔都是法学教授，他的叔叔还是德国《民法典》的创立人之一。

少年普朗克颇有音乐天赋，擅长演奏钢琴、管风琴和大提琴，还会作曲。

不仅如此，他还拥有绝世美颜，现在人们都说"颜值即正义"，照这个说法，普朗克就是正义的巅峰！他年轻时的颜值，即使放在今天，也是数一数二的。

他就是传说中的人见人爱、花见花开的"翩翩浊世佳公子"，并且是"明明可以靠脸吃饭，却偏偏要靠才华"的典范。

即便是靠才华，他也没有选择父辈深耕的领域——神学或法学，要是选择这些的话，他可以轻松地达到人生巅峰。他最终选择了物理学，做一个安安静静搞实验

马克斯·卡尔·恩斯特·路德维希·普朗克（1858—1947），德国物理学家

的美男子。

不过，再美好的容颜也终究会随时光老去。由于为科学日夜颠倒、鞠躬尽瘁，人到中年的普朗克就变成了一位邋遢大叔。

但是他并没有后悔，因为当初选择物理学时，他也没有渴望"一举成名天下知"。

少年普朗克决定投身物理学之时，正是开尔文爵士发表"两朵乌云"演说之前，当时整个科学界都认为科学已经基本完备，他

中年马克斯·普朗克

的老师就曾劝说他不要学习物理："这门科学中的一切都已经被研究了，只有一些不重要的空白需要被填补。"

"我并不期望发现新大陆，只希望理解已经存在的物理学基础，或许能将其加深。"少年普朗克这样回答。

可世界就是如此奇妙，"不想发现新大陆"的普朗克却发现了人类科学史上最大的宝藏。

普朗克根据实验数据提出了普朗克公式，几乎完美地符合了实验数据，之所以说几乎完美，是考虑到实验难免会有误差。

现在我们要引出科学界的第二条铁律——只要符合实验数据，那么理论就是正确的。根据这条实验规则，可以说普朗克解决了黑体辐射问题。

虽然解决了黑体辐射问题，普朗克却高兴不起来，因为他有点不敢相信自己的成果。

因为普朗克做了一个基本的假设，就是黑体辐射的能量不是连续的，而是有一个最小的单位，这个最小的单位后来被叫作普朗克常量。

之前的科学家都认为能量分布是完全连续的，整个世界就像是一条蜿蜒游动的长蛇一样。

而普朗克的研究结果表明，世界就像青蛙一样，是一步一步跳跃的。

那么，青蛙跳跃的最小距离就是普朗克常量。

这个想法有点过于神奇了——我们都知道，从数学上来说，在1和2之间有0.1，0.2，…，在0.1和0.2之间又有0.01，0.02，…，而现在普朗克却说根本就没有0.1，0.2，…，0.01，0.02，…这些，只有1，2，…这确实有点让人难以置信。

不但别人不信，就连普朗克本人也不信，他的后半生一直力图将他这个伟大的发现和以前的科学概念结合起来，当然，他没有成功，因为他在不知不觉中开创了一门新科学，这就是量子力学。只不过在那时候还不叫量子力学，而是叫量子论。

虽然普朗克对自己的发现都没什么自信，不过一位年轻人接过了他的旗帜，把量子论又向前推动了一步，这个年轻人就是爱因斯坦。

3.

光是什么

前面我们讲过，人们之所以能看到物体，是因为物体把光反射到了我们的眼睛中，那么到底光是什么呢？这个问题困扰了人们近三百年。

在历史上，对于光的本性，有两种看法：一种认为光是一种波，另一种则认为光是一种微粒。

我们吃过的米、玩过的玻璃球，都可以看成是微粒。

波，在我们的生活中其实也很常见。把一颗石子扔进池塘，水面会泛起一圈一圈的涟漪，这涟漪就是水波；用力抖动一条绳子，绳子会蜿蜒向前，这就是机械波。除了这些能够看见的波，还有我们看不见的，例如声音，就是通过声波来传递的。

为什么会有关于光是波还是微粒的争论呢？这是由于一些常见的光现象既可以用波来解释，也可以用微粒来解释。

要想证明光是波还是微粒，只要证明光是否具有波的特征就可以了。我们先来看看波的特征都有哪些吧。

要是有机会仔细观察水波的话，你就会发现波的两个基本特征。

首先，波可以相互干涉。若是向池塘里同时扔进去两颗石子，那么就可能产生两列完全相同的波。两列波相互影响着，起起伏伏，这样就出现了波的干涉现象。

这种干涉现象是玻璃球绝对不会发生的，两颗玻璃球撞在一起只会各自弹开。

波的干涉现象

其次，是波的衍射。在池塘中间建造一道水坝，在水坝上留一个小缺口，要是缺口宽度合适的话，就会看到波的衍射了。水波穿过缺口后会继续传播，并且会出现在水坝的后方，要是玻璃球，肯定不会出现这种情况，玻璃球要么穿过缺口一直向前，要么被水坝撞回来，绝对不会像水波一样出现在水坝后方。

波的衍射现象

010

这些就是波的特征，即便是看不见的波，也具有这种特征，我们常说"闻其声不见其人"，这其实就是声波的衍射。

既然知道了波的特征，接下来只要做实验就可以了。若是光也可以干涉和衍射，那么光就是一种波；反之，若是光不能干涉和衍射，那么光就是一种微粒。

可是这个实验并不好做。

先来看看光的干涉现象吧。

光的干涉现象其实早就发现了，在生活中也随处可见，我们看到的绚丽多彩的肥皂泡就是光的干涉现象，不过肥皂泡飘忽不定且转瞬即逝，而科学研究需要精确的数据，单单凭借肥皂泡是不可能得出精确数据的，要想证明光的干涉现象，还需要更精密的实验。

这个问题被横空出世的英国科学家托马斯·杨解决了。在科学史上，托马斯·杨被称为"最后一个什么都知道的人"，从这个称号就可以想象出他的博学程度，不过这还不足以概括他的天赋，他简直就是神童下凡。

托马斯·杨两岁时就开始认字看书，四岁时就熟读英国诗人的作品和拉丁诗歌，放到中国，基本上就等于是背完了唐诗宋词。到六岁时，他已经将《圣经》读

托马斯·杨（1773—1829），英国物理学家

了好几遍……那么，托马斯·杨是不是就是一个书呆子啊？

当然不是，在他九岁时，竟然熟练掌握了车床操作，并且一发而不可收，没过几年，他就制作出了望远镜和显微镜，同时学会了微积分。

十四岁时，托马斯·杨对语言产生了兴趣，然后就掌握了十多种语言的听说读写。现代西方语言对他来说有点太简单了，于是他又学会了希伯来语、波斯语和阿拉伯语。

既然"学神"的称号已经稳了，那么在艺术造诣上呢？

普朗克称得上是钢琴高手，爱因斯坦勉强也会拉小提琴，而托马斯·杨呢？竟然是各种乐器都精通！这还不算，他还十分擅长绘画。

你以为这就结束了？"学神"可是德智体美劳全面发展的好学生！在体育方面，他还会骑马，哦，不对，应该说骑得非常不错。

当当当！接下来最神奇的来喽，托马斯·杨居然会走钢丝！

怎么样？这果然是传说中的"别人家的孩子"。

如此神奇的托马斯·杨竟一开始学的并不是物理，而是医学出身，近视眼和老花眼形成的原因就是他最先发现的，这也算是和光学有些关系吧。

1801年，他决定做一下光的干涉实验，这就是著名的双缝干涉实验。

在一根点燃的蜡烛前面放一张纸，纸上面扎一个小孔，这样就得到了一个光点 A。在光点前面再放一张纸，在这张纸上划出两道细缝，分别是 B 和 C。如果光是一种波，那么从 A 点发出的波到达 B、C 两点，再由 B、C 两点发出光，映射到墙上的话，就会出现明暗相间的条纹，这就是双缝干涉实验。

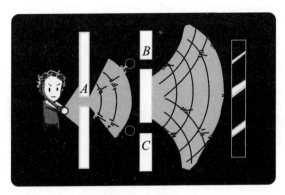

光的双缝干涉实验

这个实验我们自己也可以在家里做。

首先需要一个点光源，这个可以用一支激光笔来代替，不过一定要注意，千万不要把激光笔对准眼睛，那会对眼睛造成严重伤害。

接下来找一张硬纸片，可以用爸爸妈妈的名片或者废弃的火车票，在硬纸片上划出两道缝隙，两道缝隙间隔1毫米，然后用激光笔照射硬纸片，在纸片后面大约2米的墙上就会出现明暗相间的条纹。

这些明暗相间的条纹就是光的干涉条纹，相当于水波干涉的高低起伏的波纹。这无可辩驳地证明了光是一种波。

托马斯·杨完成了这个伟大的实验，解决了一百多年来的物理难题，按理说接下来应该是一举成名、名垂青史了，事情却出乎所有人的意料。

托马斯·杨遭到了整个科学界的嘲讽，嘲笑他不自量力。无奈之下，托马

斯·杨决定自费出版他的著作，结果只卖出去一本。

面对科学界的无情嘲讽，托马斯·杨一怒之下决定不再研究物理学，转身去研究古埃及文字，结果就破译了古埃及文字，这基本上相当于中国人看懂了甲骨文。

其实其他人只要重复一下双缝干涉实验就知道谁对谁错了，可是没有人那样做，而托马斯·杨又是自己做的实验，没有人看到。所以实验一定要在大庭广众下做！

因此，光的衍射实验就是在大庭广众下做的。

现在说起科学界的奖项，大家首先想到的就是诺贝尔奖，但在诺贝尔奖诞生之前呢？那时候比较著名的就是英国的科普利奖和法国的科学院征文大奖了。

光的衍射实验就出现在法国科学院征文大奖上。

法国科学院征文大奖的规则是，由法国科学院提出问题，再由科学家们去解决问题。

1818年科学院提出的题目就是光的衍射。

法国物理学家菲涅尔是"光的波动说"的支持者，他向大赛评委会提交了光的衍射论文，却遭到大赛评委——著名数学家、物理学家泊松的强烈反对。

泊松认为光是一种微粒，而不是一种波，微粒自然不会有什么衍射现象，不过泊松颇有风度，他没有利用自己评委的身份轻视菲涅尔，反而仔细研究了菲涅尔的论文，最后指出，如果菲涅尔论文所说的正确的话，那么就会出现一种奇特的现象——要是把一束光照在一个直径合适的小圆板上，那么在小圆板的后面就可能出现一个亮斑，这就好像是光绕过小圆板，出现在小圆板后面一样，而我们的常识是光沿着直线传播。例如，早晨明媚的阳光打在我们的脸上，会在我们身后留下长长的影子，绝不可能在影子中间出现一个亮点。

既然这种现象不可能出现，那就意味着菲涅尔的光的衍射论文是错误的，自然也就证明光不可能是一种波了。

对于科学家来说，能动手就少说话，既然泊松提出了质疑，那最好的办法就是做实验。经过精心的实验，在小圆板背后果真出现了一个亮斑！

由于这个实验的方法是泊松提出来的，也被命名为"泊松亮斑"。

这次的光的衍射实验可以说是在众目睽睽下完成的，科学界再也不能像忽视双缝干涉实验一样视而不见了，并且本来泊松是支持微粒说的，现在他的计算结果却证实了波动说，这让微粒说的支持者尴尬得无话可说，泊松成了微粒说战队名副其实的"猪队友"。

既然确定光是一种波了，那么光到底是一种什么波呢？

4. 光的波粒二象性

光到底是一种什么波呢？

无论水波还是声波，都有一个共同点，就是波的传播需要介质，对于水波来说，介质就是水；对于声音来说，介质就是空气。就好比我们去上学，要么坐汽车、地铁，要么骑自行车，而汽车、地铁、自行车就是我们的介质。

但是对于光来说，确定传播介质有点困难。灯光、烛光的话，还可以说介质是空气，毕竟这些光都在空气的包围中，可是阳光、月光、星光呢？这些光可是穿过广袤的太空才传到我们眼睛里的，难道说太空中还有某种物质吗？

没错，当时人们就是这么想的，认为宇宙中充满以太，可是后来发现以太并不存在，这开启了相对论的伟大征程——也是开尔文爵士所说的"两朵乌云"的另外一朵。

既然以太不存在，那么光就可能是一种不需要介质传播的波。什么波不需要介质传播呢？只有电磁波。

电磁波是普朗克的师弟赫兹发现的，两个人虽然是同门师兄弟，却是一个喜欢理论，一个喜欢实验。

喜欢理论的师兄普朗克提出了量子假说，喜欢实验的师弟赫兹则发现了电磁波。

当时的科学界认为"科学大厦"已经基本完成，未来的科学家只要做一些修修补补的工作就可以了，理论上已经很难再有什么重大发现了。于是赫兹在得到基尔大学的理论物理副教授的职位后选择了放弃。

他后来去了一家小学院，这家学院虽然经费不多，但是赫兹不在乎，他本来也

海因里希·鲁道夫·赫兹（1857—1894），
德国物理学家

不是为了享受清闲的，他喜欢的是这里的自由，在这里他可以随意做实验。

1886年对于赫兹来说可谓双喜临门，一喜是他获得了卡尔斯鲁厄技术学院的教授职位；另一喜呢，就是他结婚了。

当初赫兹来到小学院时，由于初来乍到，没有什么朋友，他时常感到孤独。这一切都被同事多尔教授看在眼里，多尔教授很看重这个年轻人，经常邀请赫兹到家中做客。

其实多尔教授有私心，就是自己家的漂亮闺女还是单身。果不其然，赫兹对教授的女儿伊丽莎白一见钟情，他就这样高兴地落入了老岳父设下的甜蜜陷阱里。

赫兹和伊丽莎白相识四个月后结婚了，并且共同生活在大学里。有宽松的学术环境，又有佳人相伴，赫兹准备开始他那著名的实验了。

1888年，赫兹发现了电磁波。

我们现在的广播、电视、手机、网络都肇始于赫兹的这个伟大发现，可以说赫兹是信息时代的开创者。

赫兹发现，电磁波是一种不需要介质就可以传播的波。电磁波就好像是兄弟俩结伴出行，哥哥可以背着弟弟走，哥哥累了，就换弟弟背着哥哥走，这样他们就可以不借助任何交通工具走遍天下。

跨越茫茫太空来到地球的阳光和星光也不需要介质传播，那么是不是说明光就是一种电磁波呢？

单单符合不需要介质传播这一条，还不能证明光波就是电磁波，还得看光波和电磁波的传播速度是不是一样的。

关于光速，人们早就测出来了，每秒钟大约是30万千米，基本能在一秒内绕地球七圈半。电磁波的速度也被赫兹在1888年测量出来，恰好和光速一致。这样看来，可以认定光波就是一种电磁波了。

赫兹的发现从表面上看起来，像是为讨论了两百多年的光的本性画上了句号，可是事情并没有这么简单。

在赫兹发现电磁波之前，还发现了一种奇怪的现象——光电效应。赫兹发现当用光照射金属板的时候，金属板竟然会带电！

还是先来说一下什么叫带电吧。

光照射在金属板上，验电器的指针就会偏转，这意味着金属板已经带电了

梳头发的时候，头发会随着梳子飘来飘去；用丝绸摩擦过的玻璃棒会吸引碎小的纸屑，这就是因为梳子和玻璃棒带电了。

各种物质都是由原子构成的，而原子则由带正电荷的原子核和带负电荷的电子组成，原子核和电子所带的电荷量相等，因此一般情况下物体并不带电。但是电子像一个调皮的孩子，一有机会就跑出去玩——当梳子摩擦头发、丝绸摩擦玻璃棒的时候，电子就会跑出去，那么梳子和玻璃棒就带了正电荷，于是出现了梳子吸引头发飘来飘去，玻璃棒吸引起来碎纸屑的现象。

无论是梳子摩擦头发还是丝绸摩擦玻璃棒，都是把能量输送给了电子，这样电子就能摆脱原子的束缚跑出去。同样，光照射金属板也是一个把能量输送给电子的过程，电子跑了出去，因此金属板带电了。

可是进一步的实验让赫兹更加迷惑不解，他发现只有用特殊颜色的光照射金属板时才可能带电：紫光更容易让金属板带电，而红光却不会令金属板带电。

赫兹的这一发现让光的本性之争又平添了许多波澜。要是光是一种波的话，那么只要光照的时间足够长，金属板就一定会发射出电子，使得金属板带电。而现在金属板是否带电居然和光的颜色有关，这一点就无法解释了。

对于这个问题，赫兹研究了许久，也没有搞懂是什么道理，他把这个问题留给了后人，这个后人就是我们熟悉的爱因斯坦。

1902年，爱因斯坦进入瑞士伯尔尼专利局工作，同年迎娶了大学同学米列娃，这个时期的爱因斯坦可没有后来那么邋遢，绝对算得上是帅哥一枚。

年轻的爱因斯坦与妻子米列娃

1904年，爱因斯坦从试用人员成为专利局的三级技术专家，他们的女儿也长大了，美好的生活正在向他们一家招手。可是爱因斯坦似乎并不满足这种生活现状，他要掀起一场物理学的风暴。

1905年，爱因斯坦提出了著名的相对论，还提出了质能方程——这是制造原子弹的理论基础。也是在这一年，爱因斯坦解决了赫兹没有搞懂的光电效应问题，这使他成为量子论的先驱之一。

从赫兹发现光电现象到爱因斯坦解释光电效应这几年间，物理学界已是暗潮涌动。

首先汤姆孙发现了电子，其次就是普朗克提出了量子假说。这就好比是赫兹曾经发现了一片新大陆，却隔着大海一直没有办法过去。直至汤姆孙发明了"船"，普朗克发明了"指南针"，爱因斯坦利用"船"和"指南针"抵达了那片新大陆。

阿尔伯特·爱因斯坦（1879—1955），
德国物理学家

爱因斯坦经过一系列严密的推论，最终搞清了光不是一种粒子，也不是一种波，它实际上既是粒子又是波，这就是光的波粒二象性。

光的本性终于在爱因斯坦这里画上了最后的句号。

这听起来有点不可思议，本来在光的争论之初，就一直是波动说和微粒说相持不下，可是现在爱因斯坦居然把两者结合在一起，这就好像是两个打了半辈子架的生死仇敌，最后却猛然发现两人是同胞兄弟。

不管有多么不可思议，爱因斯坦的解释却符合我们之前说过的物理学的第二条铁律——实验规则。只要理论符合实验数据，那么理论就是正确的，所以也只能承认光具有波粒二象性。

通过对光电效应的解释，爱因斯坦也成为量子论的先驱，他和普朗克一起为人类揭示了微观世界的奥秘。

当然，这其中也有几位大师为我们探寻微观世界做出了不可磨灭的贡献。

5. 原子就是一个西瓜

在炎热的夏天，最舒服的事情莫过于吃上一块冰镇西瓜。把冰好的西瓜从冰箱里拿出来，一刀下去，露出红色的瓜瓤和黑色的西瓜子，咬一口，清凉感顿时传遍全身，就连窗外知了的叫声都变得有些悦耳了。

在历史上，一个特殊的西瓜可是困扰了科学家们好长一段时间，这个西瓜模型就是人类历史上第一个原子模型。

今天，科学家们认为最小的物质微粒是夸克，然而在19世纪中叶，人们认为原子是不可再分的最小的物质微粒，直到有人发现了辉光放电现象，才发现原子没那么简单。

说起辉光放电，在我们的生活中随处可见。

点缀城市夜空的五颜六色的霓虹灯是辉光放电现象，黑夜里照亮我们房间的日光灯也是辉光放电现象，电工手中测电笔上闪烁的小氖管还是辉光放电现象。

别看今天辉光放电很常见，在当时那可称得上是个重大的科学发现。科学家们最初发现的辉光放电现象的仪器和我们今天的霓虹灯及日光灯基本是一样的。

霓虹灯和日光灯都是一根密封的玻璃管，在玻璃管的两端加上一个电压，就会发光，其中的道理就是：玻璃管的负极会发射出电子流，电子流激发玻璃管中的空气，会有光发出来。

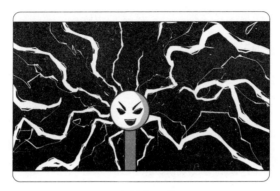

辉光放电现象

玻璃管中气体种类不同，光的颜色也就不同，于是就有了绚丽多彩的霓虹灯。

不过要注意一点，玻璃管内的空气实际上是非常稀薄的，近似于真空，因为玻璃管内空气要是很多的话，点亮它就需要非常高的电压了。

科学家们在19世纪就想到了这一点，他们把密封的玻璃管内的空气抽得非常稀薄，在玻璃管的两端加上电压，结果就看见玻璃管的正极出现了闪光。

现在我们知道，这是因为电子激发了空气分子，可是在当时，科学家们并不知道这是为什么，因为那时候还没有发现电子的存在。

科学家们思考过后，认为可能有某种看不见的东西从负极发射出来，这种东西就像空气一样，虽然我们看不见，但是我们可以通过风来感觉空气的存在，这种神秘的东西也一样，虽然看不见，但是科学家们还是想到了办法来证明它的存在。

他们在玻璃管中放了障碍物，结果玻璃管正极那一边出现了障碍物的影子，这意味着这种神秘的东西被遮挡住了。他们又在玻璃管里放了一个小叶轮，结果小叶轮转了起来，这就说明这种神秘的东西具有能量。

不管神秘的东西是什么，这一切都表明确实有某种东西从电压的负极发射出来。由于负极又称为阴极，科学家便把这种看不见的东西命名为阴极射线。

可是问题又来了，阴极射线到底是什么呢？有人说这是一种电磁波，有人说这是一种带电粒子，为此人们争论不休，这一争就是二十多年。

对于物理学家来说，争论是没有用的，解决问题的最好办法当然是做实验。

人们先是测量了阴极射线的传播速度，发现它还不及光速的百分之一，那么阴极射线肯定不会是电磁波了，因为电磁波的传播速度就等于光速。

现在只剩一个选项了，阴极射线是带电粒子流。虽然只有一个选项，但是实验还得做。对于科学家来说，从来没有选择题，只有证明题。

当时，人们知道带电粒子会在电场中偏转，只要在真空管内放两块金属板，再将金属板通上电，这就构成一个电场，只要阴极射线在这个电场中偏转，就说明阴极射线是带电粒子。

这个实验说起来简单，做起来并不容易。人们进行了多次实验，并没有发现阴极射线的偏转。

这个时候，英国科学家汤姆孙站了出来，他重复了阴极射线的偏转实验，奇迹终于出现了。在汤姆孙的手下，阴极射线出现了偏转，并且根据偏转方向，汤姆孙判断出阴极射线带的是负电。

可是为什么之前的实验失败了呢？因为汤姆孙对实验进行了小小的改进，他把玻璃管内的空气抽得更加稀薄，提高了玻璃管的真空度。这样一来，汤姆孙看到了阴极射线在电场中的偏转。

还是来打个比方吧：阴极射线就好像一队士兵，本来听到命令要左转，若是在空旷的地方，士兵们自然会轻松转

约瑟夫·约翰·汤姆孙（1856—1940），
英国物理学家

向，可是现在这队士兵身处人海之中，每个听到命令的士兵都要推开身边熙熙攘攘的人群才能向左转。可是人太多了，士兵只能被人群裹挟着漫无目的地四处乱走，而玻璃管中的空气分子就是拥挤的人群，阴极射线这队士兵无法在电场中偏转。

而汤姆孙实验用的玻璃真空管，相当于把阴极射线这队士兵放在了人员不多的广场上，士兵们可以忽略稀疏的人群，轻松完成上级下达的命令。

现在已经清楚阴极射线是一种带负电的粒子流了，不过还是有一个问题，就是离子也可以带负电。虽然当时还不知道原子的结构，但是人们已经知道了原子是中性的，是不带电荷的。要是带了正电，那就是阳离子；带了负电，自然就是阴离子了。

现在阴极射线带负电，完全有可能是一种阴离子，汤姆孙又做了几个实验，确定了阴极射线不是阴离子，而是一种新粒子。

但它是不是从原子内部发出来的呢？

汤姆孙再接再厉，继续做实验，证明这种新粒子确实是从原子内部发出来的。汤姆孙把这种物质微粒命名为电子。

这一下子轰动了物理界，之前人们认为原子已经不可再分，而汤姆孙发现原子还可以继续分，可以说汤姆孙打开了原子物理学的大门，人类步入了一个新世界。

凭借着电子的发现，汤姆孙一跃成为伟大的物理学家，并且获得了1906年的诺贝尔物理学奖，但是他并没有满足，随后又提出了原子模型。

汤姆孙原子模型的大概意思就是：带正电和负电的电子均匀地分布在原子内部，就像布丁上的梅子、枣糕上的枣、西瓜中的西瓜子一样。

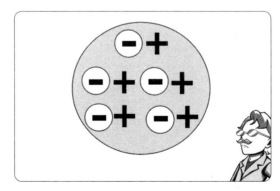

原子西瓜模型

所以汤姆孙的原子模型也被称为梅子布丁模型、枣糕模型、西瓜模型，不管怎么叫，都可以看出汤姆孙先生是个吃货。

西瓜模型可以说是人类历史上第一个建立在科学基础上的原子模型，比起之前的原子论，已经前进了一大步。

以前的原子论认为原子就是最小的物质微粒，并且不可分割。而在汤姆孙眼里，原子就是一个西瓜，不但不是最小的物质微粒，而且能用刀切开，看到红色的瓜瓤和黑色的瓜子。

可是这把能切开西瓜的刀又在哪里呢？

6.

最美的实验

自从汤姆孙的原子西瓜模型提出以来，人们都想拿一把刀来切开原子看看，到底是不是和西瓜一样。当然，这只是一个美好的设想，即便是现在，我们也没有这样的技术。既然不能用刀来切开原子，那么还有没有其他办法来探究原子内部的世界呢？

办法还是有的，不过不是用刀，而是用"枪"，还是"机关枪"。

这个"机关枪"就是汤姆孙的学生卢瑟福发现的。

卢瑟福来到汤姆孙门下的时候，一门心思想着结婚，却遭到老师汤姆孙的强烈反对，虽然说"一日为师，终身为父"，可是作为老师，这样干涉学生的婚姻大事也有点说不过去。

汤姆孙反对卢瑟福结婚是有原因的，当年他的未婚妻也是天天逼婚，汤姆孙告诉未婚妻，等他获得亚当斯物理学奖后再结婚，那样婚礼会更风光。那个时候幸好还没有诺贝尔奖，要是有的话，他就会以诺贝尔奖定婚期了。果然，在他获得亚当斯物理学奖后才结

欧内斯特·卢瑟福（1871—1937），
英国物理学家

婚，婚礼确实很风光，只不过新娘脸上添了几道细细的皱纹。

有这样的老师，学生卢瑟福自然也不宜早婚，五年后，他的未婚妻才披上婚纱，估计卢瑟福夫人也暗暗骂了汤姆孙五年。

事实证明，老师汤姆孙的话不无道理。当时正是原子科学大发现的前夜，一时的懈怠就会错过重要发现，卢瑟福也在此时发现了α粒子，这个发现为卢瑟福带来了诺贝尔奖。

既然老师汤姆孙对自己的帮助这么大，卢瑟福决定报答老师，他要做一个实验来验证一下汤姆孙的西瓜模型。毕竟老师汤姆孙的西瓜模型还没有通过科学的铁律——实验验证，还只是一个假说。

要想验证西瓜模型，就要打开原子看看原子内部的世界，卢瑟福想到的用来打开原子的武器就是他发现的α粒子。

α粒子是最适合揭开原子奥秘的"子弹"，不过一颗静止的子弹是没有杀伤力的，α粒子还自带速度，它的速度大约是光速的十分之一，这样α粒子就不仅仅是子弹了，还是一把"机关枪"。

武器已经准备好了，那下面卢瑟福就可以设计实验了。

这个实验就是α粒子散射实验，被称为物理学历史上的最美实验。之所以说它"美"，除了因为它是一个完美的实验，还因为后来很多著名的实验都是从这里开始的。

那么这个最美的实验到底是什么样的呢？结果又如何呢？

卢瑟福设计的 α 粒子散射实验是这样的：用 α 粒子轰击非常薄的金箔，由于 α 粒子具有非常快的速度，可以轻易地进入原子内部。要是带正电荷的 α 粒子遇到带负电荷的电子，它们之间就会产生相互作用力，α 粒子会轻微地偏转。

根据汤姆孙的西瓜模型，电子是在原子内部均匀分布的，那么就会有少量的 α 粒子发生轻微偏转，而大部分 α 粒子则会直接穿过金箔，不发生任何偏转。这就好像是用机关枪扫射一个西瓜，子弹可以轻松穿过瓜瓢，碰到西瓜子的子弹会略微偏转一点。

1909年，卢瑟福开始了实验，可是实验结果让人大跌眼镜。

卢瑟福对实验结果只推测对了一半，大部分 α 粒子确实没有发生偏转，问题就出现在那些发生了偏转的 α 粒子上。这些偏转的 α 粒子并不是轻微偏转，而是大角度偏转，有的粒子偏转角度甚至达到180度，这简直就是被弹了回来。

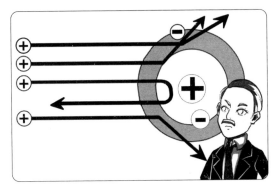

α 粒子散射实验

如果说这是用机关枪扫射西瓜，那竟然有子弹被弹了回来！这肯定是不可能的。

卢瑟福本人的话更加夸张，他说："这是我一生中从未有的最难以置信的事，它好比你对一张纸发射出一发炮弹，结果竟然被反弹回来打到自己身上……"

出现如此大的偏差，要么是实验数据错了，要么是理论模型错了。

卢瑟福又做了多次实验，证明实验数据并没有错，那只能是老师汤姆孙的西瓜模型错了。

本来是为了验证西瓜模型设计的实验，结果却敲响了西瓜模型的"丧钟"，不过这不是悲伤的事情，而是值得庆贺的壮举，科学正是在不断自我否定的过程中进步的。

根据α粒子散射实验的结果，1911年，卢瑟福提出了自己的原子模型。

卢瑟福的原子行星模型

在卢瑟福看来，原子的中心是带正电荷的原子核，带负电荷的电子围绕着原

子核旋转，原子的内部是非常空旷的，要是把地球比作一个原子，原子核大约相当于一个足球场大小；要是把原子比作一个足球场呢，原子核差不多就和一只蚂蚁差不多。

因此 α 粒子大多都没有发生偏转，因为它们什么都没有碰到，当然不会偏转，而那些大角度偏转甚至被弹回来的 α 粒子呢，是由于它们遇到了原子核。

原子核虽然很小，却几乎集中了原子所有的质量，对于 α 粒子来说，那简直就是一块钢板，所以 α 粒子大角度偏转甚至被弹回来也就不稀奇了。

其实卢瑟福的原子模型还有一个更好的比喻，那就是我们生活的太阳系。太阳系的大部分空间也是空旷的，要是把原子放大到太阳系那么大的话，原子核也就和太阳差不多，这样来看的话，我们美丽的地球就是围绕太阳旋转的电子了。所以，卢瑟福的原子模型最终被命名为行星模型。

卢瑟福的行星模型虽然完美地解释了 α 粒子散射实验的问题，可是还有问题没有解决，那就是围绕着原子核旋转的电子为什么不会掉入原子核中呢？

这个问题行星模型无法解释，只能留给卢瑟福的学生玻尔去解决了。

卢瑟福的原子行星模型可以说是最深入人心的模型，也是流传最广的模型，即便是现在，人们也经常拿它来解释原子世界。不过这个模型还是有缺点的，就是不能解释电子为什么不会掉入原子核。

7. 电子为什么不掉入原子核

这个问题看起来有些滑稽，我们的地球每天都在围绕着太阳转，也没有听说地球会掉入太阳里。

还是用我们熟悉的事情来打个比方吧，用绳子拴住一块小石头，用力抡起来，石头就会绕着我们的手转圈，要是一直抡下去呢，石头就会一直转下去，可是要是玩一会儿，我们力气不够了，石头转的圈就会越来越小，最终石头落回我们手中。

从上面的例子我们可以看出，做圆周运动的物体，只要力逐步减少，圆周就会越来越小，当力消失的时候，物体就会落回圆心。

小石头旋转靠的是绳子的牵引力，而电子带负电荷，原子核带正电荷，电子围绕原子核旋转靠的就是正负电荷之间的吸引力，电子会不会落入原子核，就要看看它们之间的吸引力会不会减小了。

不幸的是，按照经典的电磁理论，电子和原子核之间的吸引力是会减小的，这样的话，最终电子就会落入原子核中。

这种事情要是发生了，将十分可怕。所有电子最终都会落入原子核，正负电荷会中和，这样物体就不带电了。不仅不会再有电灯电视，也不会有电闪雷鸣，冬天脱毛衣时不会有噼里啪啦的响声，梳头发的时候头发也不会随着梳子飘动……没有了电，自然就没有了磁，也没有了电磁波，手机、收音机自然也不会有了，这还不是最恐怖的……

要是这样的话，可能宇宙之初就会是一片肆意纵横的电磁波，随后将陷入永远的沉寂，再也不会有璀璨的银河，也不会有光芒万丈的太阳，当然，更不会有我们美丽的地球。

可是我们的宇宙不是这样啊，自从宇宙诞生以来，都过去137亿年了，宇宙现在还生机勃勃、欣欣向荣呢。

尼尔斯·亨利克·戴维·玻尔（1885—1962），
丹麦物理学家

这个时候我们又要请出科学的第二条铁律——实验规则了，要是理论和实验不符合，一定是理论出现了问题。

所以一定是卢瑟福的原子行星模型出了问题。当全世界都在为这个问题头痛时，卢瑟福的学生玻尔做出了自己的解释。

每位伟大的科学家都有一点自己的

小爱好，比如爱因斯坦喜欢小提琴；普朗克则擅长弹钢琴；托马斯·杨就不用说了，他是无所不能的……这位来自丹麦的物理学家玻尔则不走寻常路，他的爱好是踢足球，不过作为一名守门员，他有点不务正业，在足球比赛中，他居然在思考数学题！根据在球场上的表现，球队自然不能对他委以重任，倒是他的弟弟代表丹麦国家队获得了奥运会的银牌。

虽然没有成为一流的球星，玻尔却成了伟大的物理学家。

玻尔提出他自己的原子模型之前，普朗克早就提出了量子假说，爱因斯坦解释了光电效应现象，他的师爷汤姆孙发现了电子，他的老师卢瑟福又把原子理论向前推动了一大步。

现在万事俱备，只欠东风了。

玻尔把量子假说和原子理论结合在一起，于1913年提出了他自己的原子模型。

玻尔的原子模型

玻尔的原子模型认为，电子在原子中可不是随便飞的，而是按照固定轨道运行的，这个轨道的大小要符合普朗克的量子假说。

在玻尔模型中，电子就像是赛车场上的赛车，赛车只能在固定的赛道上飞驰，而不能在其他区域行驶，要是不遵从这个规则，那就要翻车了。这其实就保证了电子不会因为和原子核之间的吸引力作用而掉进原子核，也保证了我们这个宇宙存在的基本条件。

到此为止，经过普朗克、爱因斯坦和玻尔这三位大师的不懈努力，古老的量子论已经建立完毕。注意啊，这还只是量子论，不是量子力学呢！

这个时候的量子论还只是牛顿和麦克斯韦创建的经典物理学的补充，量子世界也只揭开了冰山一角……

开尔文爵士所说的"两朵乌云"此时已经被吹散，不过迎来的却不是晴空万里，而是一场更大的暴风雨。

物理学
大神图谱

姓名：汤姆孙
职业：英国物理学家
成就：发现电子

启发

师生

。 姓名：卢瑟福
职业：英国物理学家
成就：原子行星模型

师生

姓名：玻尔
职业：丹麦物理学家
成就：玻尔原子模型、量子力
学创始人、互补原理

姓名：普朗克
职业：德国物理学家
成就：提出量子概念，
量子创始人

师兄弟

姓名：赫兹
职业：德国物理学家
成就：发现电磁波、光
电效应现象

启发

启发

好友

姓名：爱因斯坦
职业：德国物理学家
成就：相对论、光电效应、
量子创始人

乌云乌云，快走开！

传说中，物理学界有一座神秘的真理之山，山顶风和日丽，只是飘着两朵"科学的乌云"。乌云的形成原因错综复杂，简单来说，它们主要跟"黑体"和"光"有关。

黑体就是只吸收光和磁波而不反射的物体，这是一种假想物体，在实际中并不存在。

我是宇宙最黑！吸收一切！

科学家以前推断光的传播靠"以太"这种介质，后来他们却发现以太并不存在。

你们看得见我，却无法定义我的存在。

这成功地引起了几个天才的注意——普朗克、爱因斯坦等。

普朗克
提出量子假说

爱因斯坦
提出相对论

谁是"等"？！

卢瑟福
提出原子行星模型

汤姆孙
提出原子西瓜模型

赫兹
发现光电效应

玻尔
提出玻尔原子模型

为了捍卫物理学的纯洁，几位少年自发组队，决定上山拨开这两朵碍眼的乌云！

你们这次加入拨云登山小队，是为了寻求真理吗？

不，我只是不想让乌云挡住我英俊的脸。

等一下再采访，我题还没做完呢。

嘿嘿，谁敢过来，我就把他吸进去！

大家快跑！这可是辐射！！！

哇也——！！

少年，我要吃掉你喽！

不许你碰我的脸！

哇！普朗克威武！

我是怎么解决黑体辐射的？难道是因为这件穿了很久的小背心？！

普朗克常量

普朗克常量

哼！拼魔方我们可是专业的！

能正确拼出我们的模型，就把梯子送给你们！

就不能发个说明书吗？！

原子魔方拼决总赛

这个是正确的！

恭喜通关成功

汤姆孙、卢瑟福、玻尔提出了三种不同的原子模型，最终玻尔解开了原子神奇的内部结构：原子由原子核和电子构成，同时，电子围绕原子核运动，但是只能在固定轨道上运动，从一个轨道跳到另一个轨道要吸收或者放出光子。

终于，少年们用集体的智慧挪走了真理之山的"两朵乌云"，为物理学照进新曙光！

量子论

到此为止，古老的量子论初步建成，人类正式进入量子时代。

以为这就结束了吗？哼哼，真是太天真了！……

真理之山

哇！

真理之山上还会发生什么？别着急，我们下一章见！

小爱，你有没有听见……就是……

对，打雷了！

第二章

量子力学的研究核心：群雄逐鹿

1.

小王子的预言

在普朗克、爱因斯坦、玻尔这"三剑客"的不懈努力下，量子论的出现撼动了经典物理学基础，以往的经典物理学只能解释宏观世界，这是它最大的缺陷。经典物理学大厦将被推倒，新的物理学大厦即将建立，不过这还需要一些年轻人加盟，而德布罗意第一个站了出来。

爱因斯坦收到一篇论文，看过论文后，爱因斯坦对这篇论文赞赏不已。到底是谁的论文能让一向自负的爱因斯坦如此赞赏呢？这就是德布罗意的论文。

德布罗意也是一位奇人。牛顿和开尔文爵士都曾经被王室授予爵位，这对于任何人来说都是一项无上的荣耀，而德布罗意则是自带光环的，他的家族是世袭贵族，在他的哥哥去世后，他继承了德布罗意公爵的称号，并且兼任德国亲王，这就是真正的小王子。

作为王子，德布罗意没有拼爹，也没有虚度年华，而是全身心投入科学研究。

玻尔提出原子模型之后，并没有得到科学界的一致认同，原因还是在于他的

路易·维克多·德布罗意（1892—1987），
法国物理学家

不连续轨道假设。虽然不连续轨道借用了普朗克的量子概念，不过这个概念就连普朗克本人也有些犹豫，更不可能深入人心。

玻尔并没有解释不连续轨道的原因，在不连续轨道背后一定还有更深刻的道理。

这项工作就由德布罗意来完成了。

德布罗意本来是个学历史的文科生，他的哥哥是个理科生，受哥哥的影响，德布罗意也对物理学产生了兴趣，在拿到历史学学位后，他顺便读了一个物理学学位。

德布罗意认为电子本身会产生共振，共振就会产生波，这就是说，电子本身就会形成一种波。通过这种波的假设，德布罗意计算出了玻尔原子模型的轨道，只有轨道周长是电子波长的整数倍的时候，轨道才能稳定存在，其余的轨道是不可能存在的。

这个说法可以说是石破天惊，这意味着电子可能也是一种波，而之前观测的电子都是粒子，这就是说，电子不但是粒子，还是波，这听起来是不是有点熟悉？对的，这就是爱因斯坦说的光的波粒二象性。

德布罗意的老师觉得这个说法有点匪夷所思，只好把论文寄给了爱因斯坦，爱因斯坦看到论文后兴奋不已，因为这种说法正是他需要的。

之前在解释光电效应的时候，爱因斯坦就认为光具有波粒二象性，而科学家们却对他的观点持怀疑观望态度，现在从德布罗意的论文来看，不但光具有波粒

二象性，就连电子可能也具有波粒二象性。

扩展来看，所有的微观粒子都有波粒二象性，这样波粒二象性就是微观世界的一个基本特征了。

不过仅仅有爱因斯坦的支持还是不够的，毕竟科学还是要靠实验的，只有通过这一条铁律，才可能被人们接受。

其实德布罗意本人对自己的观点没有太多底气，他谦虚地称之为假说，不过他还是提出了可以证明自己观点的实验——电子衍射实验。

德布罗意认为，可以让高速运动的电子通过非常狭小的缝隙，要是电子也是一种波的话，就会看到电子的衍射图谱。

做实验这种事情，对于德布罗意来说很难，毕竟他是文科生嘛，不过对于德布罗意家族却不是什么问题。作为世袭贵族，他自己家里就有实验室，可是实验没有成功。

这是不是就意味着德布罗意的说法是错误的？当然不是，这只是实验不成功。

1927年，汤姆孙完成了电子衍射实验，证明了德布罗意假说的正确性。汤姆孙这个名字是不是听起来有点耳熟？之前发现电子的那位科学家也叫汤姆孙，他们两个有什么关系呢？

这个汤姆孙就是老汤姆孙的儿子，想当年，老汤姆孙为了科学选择晚婚，估计感动了上天，于是又赐给他们家一个物理学家，就是小汤姆孙。父子俩这辈子就跟电子干上了，老汤姆孙发现了电子，小汤姆孙证明了电子是一种波，他们父子也是为数不多的诺贝尔奖历史上的父子兵，都获得了诺贝尔奖。

电子衍射实验

电子衍射实验成功后，德布罗意因此获得了诺贝尔奖，这可是诺贝尔奖历史上唯一凭借博士论文获奖的。

德布罗意的假说解决了玻尔原子模型中电子轨道不连续的问题，也推广了爱因斯坦波粒二象性的观点，可谓承前启后。

不过，玻尔的问题至此还没有完全解释清楚，接下来就要超级天才泡利出马了。

2. 打遍天下无敌手

德布罗意解决了玻尔原子模型的不连续轨道的问题后，让玻尔长舒了一口气，不过玻尔的烦恼还没有完，他的原子模型对于只有一个质子的电子来说可以有很好的解释，实验数据和理论解释非常契合，但是对于多电子的原子来说就有些困难了。这就好像在操场上跑步，要是操场上只有一个人，我们可以很清晰地知道这个人的位置、速度；要是操场上有很多人跑步，我们就无法清晰地知道每个人的位置了。

这只能有两种解释，要么是实验数据错了，要么是玻尔的理论错了。玻尔自己也是百思不得其解，于是他把这个问题交给了泡利。

泡利是万中无一的天才，前面我们说过开尔文爵士九岁读大学，而泡利也差不多，他根本就没有读大学！

泡利读完中学之后就直接去读了研究生，这件事情对泡利的一生影响很大：一则，他以中学生的身份直接读研究生，并且在著名物理学家索末菲的门下，足以证明他的天赋；二则，这也养成了他心高气傲的性格。

泡利号称"物理界的良心"，意思是他总能一眼看出别人的错误，就像手握一条真理的鞭子，可以随意抽打任何一位物理学家，即便是玻尔、爱因斯坦在他面前说话也是战战兢兢，唯恐说错一句被他抽上几鞭子。

当年在物理界混，要是不被泡利抽几鞭子，出门都不好跟人打招呼。因为那意味着水平太低，都没有资格让泡利瞧一眼。

泡利有一句名言——"这还不算太错"，这就是他给人的最高评价。纵观整个物理界，能得到他这一评价的还真不多，在那个星光灿烂的时代，泡利就是"打遍天下无敌手"的"上帝之鞭"。

泡利从玻尔那里接受任务后，也是斗志昂扬，他很快就发现了玻尔理论中的问题。

在玻尔看来，电子就是一群懒家伙，都舍不得离家太远，总喜欢留在离原子核最近的轨道上，玻尔把不同的轨道称作能态，就是说电子总是在最低的能态上。

沃尔夫冈·泡利（1900—1958），
奥地利物理学家

泡利觉得这个解释有点问题，要是只有一个电子的话，倒还好解释，这个电子愿意在哪里就在哪里，可是对于多电子来说，电子分布在各条轨道了，既然电子都这么懒，为什么不都挤在离原子核最近的轨道上呢？

泡利觉得，电子不但是一群懒家伙，还是一群不合群的家伙，它们不喜欢跟别人挤在一条轨道上。一条轨道占满了，电子就会去另一条轨道安家，反正是不和别的电子挤在一块。再结合电子都很"懒"的特点，于是得出了多质子的原子

结构。

这也被称为泡利不相容原理。大意就是原子核外的电子状态不可能完全相同，或者说原子核外的电子不能有两个或两个以上的状态完全相同。

泡利不相容原理是量子论的最高成就，它成功地解释了多质子原子模型的电子排列规律。不过泡利在探寻的过程中发现，量子论还保留了大量的宏观世界的观念，比如轨道，比如半径，要想进一步提升人类对微观世界的认识，就必须抛弃这些概念。

本来这些问题泡利都有可能解决，可是由于他心高气傲，错失了很多重大的发现。泡利就像一只翱翔在物理天空的鹰，他总能敏锐地发现问题所在，却缺少老黄牛一般勤恳劳作的精神，所以更多重大的发现是指望不上这位天才了。

对微观世界的进一步认识只好交给那些不怎么"天才"的物理学家了，比如海森堡。

要是老师告诉你，对于期末考试的成绩，有两种通知的方式可供选择：

只告知你期末考试的分数，却无法得知你在班里的排名；

知道你在班级里的排名，而无法得知分数。

3.

矩阵力学

你一定觉得老师在逗你玩，因为这根本就不可能发生啊，知道了全班同学的分数，自然可以推出同学们的排名。

虽然这种事在我们现实生活中不可能发生，不过在微观世界中就是这样的，这叫作不确定性原理或者测不准原理，这是由海森堡提出的。

海森堡也是玻尔的学生，他非常不喜欢玻尔原子模型那套观点。因为他觉得这些东西看不见、摸不着，只是一种理论上的假设，既然是假设，那么就有可能是错的，要想得出正确的理论，就要从看得见、摸得着的东西入手。

看得见、摸得着的东西是什么啊？自然就是光了。

在《电子为什么不掉入原子核》一节中，我们说过光是原子中电子在高能态轨道跃迁到低能态轨道发出来的。既然光是在原子内部辐射出来的，那么光就会带着原子内部的信息，用光来研究原子内部的结构最合适不过了。

由于光是一种波，那么光就有频率和振幅，这些都是可以测量出来的，又因为光是电子从高能态轨道跃迁到低能态轨道发出来的，那么轨道就对应着电子的

位置，能态就对应着电子的动量。

所以光的频率和振幅就可以对应电子的位置和动量。

动量这个概念是第一次出现，以后它将会多次出现，我们还是先来解释一下吧。

动量就是物体的质量和速度的乘积，这是一个对于宏观世界与微观世界都适用的物理量。

我们用力弹一颗玻璃球，玻璃球就具有动量，而且动量是守恒的。两颗玻璃球相撞，相撞前的动量之和和相撞后的动量之和是完全一样的。既然动量守恒，那么为什么最后玻璃球都会停下来呢？这是因为玻璃球受到了地面摩擦力的影响，速度就慢了下来，所以说，动量守恒是在不受外力作用的情况下才守恒的。

动量这个概念要远比速度这个概念更有用，因为速度是和物体的质量有关的，我们可以很轻松地将一个篮球扔得很远，但是扔一个铅球就没有这么轻松了。这可以看出来，我们用同样的力气作用于不同质量的物体，速度可能会不一样，它们的动量却是一样的。

对于电子来说，动量就是电子的质量和速度的乘积，由于电子的质量都是相同的，因此就变得更加简单一些，也可以理解为电子的动量取决于它的速度。

这样一来，我们就可以凭借测量光的频率和振幅得知电子的位置和速度，知道了电子的位置和速度，就可以看一看是不是真的存在电子轨道了。

海森堡把电子的位置和动量分别做了一张表，就和我们的课程表一样，想要查一下信息，只要扫一眼就行了。

不过单单知道位置和动量还不够，它们之间的关系是怎样的呢？这也不难，只要把两个表格相乘就可以了。

可就是在这里出了问题，海森堡发现表格之间的乘法不满足乘法交换律，我们都知道3×4＝12，要是把3和4的位置换一下，变成4×3，结果还是12，这就叫满足乘法交换律。可是海森堡的表格换下位置结果就不一样了，这怎么可能呢？

举个例子大家就懂了。

这就好像我们穿衣服，先穿上衣还是先穿裤子并没有什么差别，这就满足乘法交换律，但是对于鞋和袜子就不同了，先穿鞋还是先穿袜子造成的结果是完全不同的，这就不满足乘法交换律。

出现了这种情况，海森堡没有发愁，反而暗暗高兴，这意味着他不但解决了物理问题，还顺便发明了一种新数学，从此，在数学殿堂也有他的一席之地了。

海森堡的新方法舍弃了玻尔的电子轨道，并且不连续性可以从这个新方法里面推导出来，最关键的是，它还可以解释玻尔原子模型解释的任何实验现象。

可以说，海森堡新方法的出现是量子力学发展史上里程碑式的事件。

在此之前只能叫作量子论，是建立在想象和假设基础上的，没有和宏观世界完全划清界限，还保留着轨道半径这些宏观世界的概念。海森堡的新方法出现后，量子力学也随之出现了，这是一门完全建立在实验基础和数学推导之上的科

学，舍弃了宏观世界的观念，真正推开了人类认识微观世界的大门。

沃纳·卡尔·海森堡（1901—1976），
德国物理学家

作为第一个真正揭示了微观世界的科学家，海森堡自然非常高兴，大有一种天下无敌的感觉。不过海森堡还是高兴得太早了，他兴高采烈地把论文交给了老师玻恩，可玻恩看了又看，没有越看越糊涂，反而越看越明白，他发现海森堡认为的新数学其实不是什么新数学，这种数学形式数学家们早就研究出来了，叫作矩阵。

海森堡想成为数学大师的愿望落空了，这对于海森堡来说还不算什么，这本来就是顺手的事，发明不了新数学就发明不了吧，只要能在物理学上成为一代宗师就行了。

可烦心事还在后头，玻恩觉得海森堡的数学形式乱七八糟的，于是用矩阵重新把海森堡的论文写了一遍，这样一来，玻恩就和海森堡共同成为矩阵力学的创始人，海森堡就这样由于数学不好而失去了矩阵力学的独创权。

虽然海森堡失去了矩阵力学的独创权，但此时的物理学就像一片新大陆，到处都有激动人心的新原野等待着去开拓。

可是海森堡完全没有心情去探索，因为薛定谔的工作让他心烦意乱。

虽然矩阵力学意义重大，物理学家们却兴趣不大，因为大家都不太懂得矩阵这种新的数学形式。海森堡终于可以长舒一口气了，看来并不是他数学差，而是大家都不怎么样。或许等有一日大家学会了矩阵，自然会发现他的伟大。

4.
薛定谔的波

可是还没等大家搞明白矩阵，有一个人提出了新的量子力学的解释，一时间引得众人追捧，大有后来居上之势，这个人就是薛定谔。

在那个星光灿烂、英雄辈出的年代，大家都在争分夺秒，生怕落后一步会抱憾终生。为此，泡利在25岁时就提出了泡利不相容原理，海森堡提出矩阵力学的时候也不过24岁。这样看来，薛定谔就有点大器晚成了，他提出量子力学新解释的时候已经是大叔了。

不过年龄不重要，关键是赶上了那个伟大的时代。

薛定谔对玻尔的理论并不感兴趣，他最感兴趣的是德布罗意的物质波假说，物质波这个名字就是薛定谔取的，薛定谔打算用波来解释一切，于是他写出了薛定谔波动方程。

埃尔温·薛定谔（1887—1961），
奥地利物理学家

薛定谔波动方程是一个无所不包的方程，在方程中，他用波来描述微观粒子的运动，不但可以描述微观粒子的运动形式，还可以用来说明我们的宏观世界。

和海森堡的矩阵力学一样，从波动方程中可以直接推导出不连续的概念，并且可以用来解释一切微观世界的实验数据。

薛定谔的波动方程一问世，就在科学界引起了巨大轰动，爱因斯坦更是称薛定谔为"真正的天才"，这和海森堡的无人问津形成了鲜明的对比。

最主要的原因在于薛定谔波动方程采用了大家所熟悉的数学方式——微积分，微积分自诞生以来，就成为科学家们的必修课，对于微积分，每个人都是行家里手，每个人都可以轻松看明白，不用再去学什么矩阵。所以薛定谔受到追捧也不意外。

这么看来，即便是科学家，也都有点懒啊！

看到薛定谔波动方程受到追捧，海森堡有点心意难平，矩阵力学的独创权被人分享也就算了，现在连他首创的矩阵力学也被后来的波动力学抢了风头，这让他心里更不是滋味了。

于是海森堡千方百计地挑薛定谔的毛病，可是天才泡利很快就证明了矩阵力学和波动方程在数学上完全一样，只不过两者的表现形式有所不同。随后薛定谔本人也再次证明了矩阵力学和波动方程在数学上是一样的，这让海森堡无话可说。

看来数学不好是硬伤啊！

从上面所述可以看出，量子力学当时分为两派：一派是沿着玻尔的原子模型走下来的——海森堡的矩阵力学；一派是沿着爱因斯坦的波粒二象性和德布罗意的物质波承袭下来的——薛定谔的波动方程。

现在这两派在数学上证明是完全一致的，那是不是说明这两派可以合并了？

事情还真没有这么简单，这两派反而起了更多的纷争。

问题就出在薛定谔方程上，薛定谔方程是波动方程，认为世间万物都是波，可是再深入想一步，那么这个波到底是什么呢？

薛定谔认为他所说的波就是粒子振动产生的波包。

还是先来解释一下什么是波包。

我们抖动一段绳子，就会产生机械波，波会沿着绳子传播，我们就会看到一个隆起的部分在向前传播，这个隆起的部分就是波包。同样，我们看到水面上的层层涟漪也是波包。

可是波包不是粒子呀，这就不符合德布罗意的物质波的波粒二象性观点了，并且我们都知道波是连续不断的，这样的话也就不符合量子的不连续的观点了，薛定谔的解释违反了量子力学两个基本观点，这到底是怎么回事呢？

要么是薛定谔的波动方程错了，要么就是薛定谔本人没有完全理解自己的波动方程。

不过已经证实了波动方程和矩阵力学在数学上是一样的，这就说明波动方程是对的。那么只可能是薛定谔对自己方程的理解错了。

玻恩听说以后，心头不禁一阵狂喜，他准备站出来重新解读一下薛定谔的文章。

玻恩就是和海森堡一起分享了矩阵力学发明权的量子力学大师，虽然在开创性上玻恩略微差了一点，不过他深厚的数学功底让他成功地成为矩阵力学的开创者之一，可以说是捡了一个漏。

这次看到薛定谔方程，玻恩又不禁心痒难耐，决定再次出手。

马克斯·玻恩（1882—1970），
德国物理学家

玻恩认为薛定谔方程的波是一种概率波，表示的是电子出现的概率。

这确实有点难以想象……就好像在运动会上，我们可以轻易地根据运动员的速度和位置判断出谁跑在前面，不出意外的话，也可以知道谁是冠军。可是要是电子也参加了运动会，这一切就都变了……本来跑在最前面的电子，下一秒会出现在最后；再下一秒呢，可能就跑到跑道外面去了。这还只是在跑道上，要是整个操场都是电子的话，那就会篮球、足球、铁饼、标枪满天飞。

依照玻恩的解释，电子在原子核外形成一片电子云，电子云密集的地方就是电子出现概率大的地方，电子云稀疏的地方就是电子出现概率低的地方。所谓的电子轨道，只不过是电子出现概率大的地方，其实电子轨道根本就不存在。

玻恩的电子云模型

薛定谔和玻恩的分歧就在于世界是不是确定的。

在薛定谔看来，无论是微观世界还是宏观世界，都是确定的。每天早晨看到太阳从东方升起，我们知道晚上一定会日落西山，不可能中午太阳就落下去，晚上再升起来。

要是依照玻恩概率波的解释，那么不但太阳什么时候升起、落下没有规律，就连月亮也不知道怎么运动，那么极有可能太阳和月亮同时悬挂在天空，这就违反了世界的基本规律，确定性就消失了。

波动方程是薛定谔推导出来的，他自然有发言权，可玻恩"捡漏大师"的称号也可谓名不虚传，两个人争来斗去，倒让一个人暗暗高兴。

这个人就是海森堡。

海森堡本来就不喜欢薛定谔抢了他的风头，并且玻恩分享了他矩阵力学的独创权，他难免有些不爽。现在两个对头吵闹不休，正是他潜心研究的大好时机。

可是海森堡没想到的是，他下一步的研究把整个物理学界都扯入了争吵之中。

5.

测不准原理

海森堡的新研究还得从矩阵力学的奇妙特征说起。

矩阵力学的奇妙特征就是不满足乘法交换律，这就意味着测量电子位置和动量的顺序变化，会导致得到的结果不一样。

这就好像老师先看我们的语文试卷，再看数学试卷，结果语文85分，数学90分；要是反过来，老师先看数学试卷，再看语文试卷呢，结果就变成了数学76分，语文98分，这简直是不可能的事，可是在微观世界中是真实发生的。

海森堡还发现，当测量位置越准确时，动量就越没法测量。

为什么在微观世界会发生这种情况呢？

海森堡认为，这是由于测量造成的。

我们还是用短跑比赛来举个例子。

在短跑比赛中，我们可以清楚地看到小明同学跑得比别的同学快，这是因为小明同学折射的光传到了我们眼中，我们通过两个不同时间点看到的小明同学位置的变化，可以判断出小明同学的速度。这里有一个前提，光打到小明同学身上的时候，不会影响小明同学的速度或者位置，因为光子对于小明同学来说太小了，可以忽略不计。

然而我们在测量电子速度的时候，最简单和最直接的方法，就是发射一个光子去测量，可是这个光子携带的能量对于电子来说影响很大。这样在测量电子速度时，电子就被光子推了一把，于是电子的位置发生了变化，就测量不准电子的位置了。反过来呢，要是先测量电子的位置，电子的速度就没法测量了。

这样看来，要是电子举行一场运动会的话，就成了：我们可以知道哪个电子跑在前面，却不知道它有多快；要是我们知道了电子的速度呢，就不会知道电子到底在什么地方。所以，电子运动会根本就不可能知道谁是冠军。

这就是海森堡的测不准原理。我们在宏观世界看到的确定性消失了，所以测不准原理也叫作不确定性原理。

矩阵力学描述了微观世界的规律，而测不准原理揭示了微观世界的本性。海森堡又一次站在世界的巅峰，这次没有用到深奥的数学，总不会再有人来抢功了吧。

海森堡还是高兴得太早了，这次来抢功的人是玻尔。

对于海森堡的想法，玻尔提出了不同意见，他认为海森堡忽略了粒子的波动性。粒子性和波动性应该是互补的，要是测量粒子方面的数据，那么波动方面的数据就会测不准，反过来也一样。

这就是玻尔的互补原理。

互补原理认为不能用单独一种波或者粒子的概念来描述整体量子现象，为了完备地描述整体量子现象，必须将波动性和粒子性的概念也包含进来。这两个概念犹如同一枚硬币的两面，缺一不可。

海森堡的心情只能用郁闷来形容了……别人家的老师都是帮助学生解决问题，怎么自己的老师都出来抢功啊？不过这次海森堡不打算让了，而玻尔也是分毫必争，两个人争执不休，最后一致决定请泡利来做裁判，幸好泡利没空，要不这位"物理界的良心"来了，三个人还不得吵成一锅粥啊？

其实两种说法表达的都是一个道理，只不过玻尔的说法更加基础，还是用一张图来说一下互补原理吧。

在这张图片中，本来是一个圆柱体，要是从正面看过去，就会看到一个正方形；要是从侧面看过去，就会看到一个圆形。那么这个圆柱体到底是正方形还是圆形呢？

其实都不是，只是观察的角度不同而已。

最终玻尔还是说服了海森堡，让海森堡承认了互补原理比测不准原理更加基础。到此时，量子力学已经基本完备，概率波和测不准原理还有互补原理成为量子力学的三大支柱，由于玻尔在其中起了巨大作用，又因为玻尔所在大学是哥本哈根大学，所以这些又被称为"哥本哈根诠释"。

哥本哈根诠释

不过其中最伤心的还是海森堡，海森堡终于知道了姜还是老的辣，做学问还是老师厉害。

怪只怪可怜的海森堡不知道费曼技巧，要是他通晓了费曼技巧，就知道好多事情其实可以不靠老师。

6.

第三种解释

我们在学习中遇到困难，当然要第一时间去问老师，要是老师没空呢，自然要去找学霸，如果学霸爱搭不理的，那么不要生气，因为损失更大的不是我们，而是学霸本人。

听起来有些不可思议是吗？不过事实的确如此。学霸在讲题的同时，自己也加强了对问题的理解。这么说吧，学霸本来对问题的理解有80分，而讲述问题的过程其实就是重新整理自己知识的过程，对问题的理解就提升到了90分。对于学霸来说，提高一分都非常难，何况这一下子提高了10分，所以真正的学霸都是乐于助人的，一方面提高了自己的水平，另一方面也帮助了同学，一举两得，何乐而不为呢？

这可不是胡说，这就是传说中的"费曼技巧"。人家费曼都获得过诺贝尔奖了，当然是超级大学霸，他都这么说了，自然是有道理的。

和其他大师不同的是，费曼被称为"物理顽童"。

一方面是由于他确实爱玩，比如溜门撬锁，这个他最在行，还有就是他确实年龄很小，比爱因斯坦和玻尔要小三四十岁，比泡利、海森堡这群少年英雄也小了十八九岁。当他参与制造原子弹的"曼哈顿工程"时，不过19岁而已。

1949年，费曼提出了量子力学的第三种解释——路径积分。

在费曼之前，量子力学已经有了两种
数学解释，分别是海森堡的矩阵力学和
薛定谔的波动方程。海森堡从矩阵力学
中推导出了测不准原理，玻恩在波动方
程里面看出了概率波，只是薛定谔并不
认同玻恩对波动方程的概率波解释，两
人为此一直争论不休。

理查德·菲利普斯·费曼（1918—1988），
美国物理学家

对于物理学家来说，解决争论的最好
办法就是做实验，谁的理论和实验数据相符，谁就是正确的。

解决玻恩和薛定谔纷争的实验就是单电子双缝干涉实验。

我们已经知道了，电子和光一样都具有波粒二象性。既然电子都是一种波
了，那么是不是就可以做一下干涉实验了？干涉本来就是波的特性之一，于是科
学家们做了电子的双缝干涉实验，这个实验看起来和光的双缝实验差不多，只不
过把光换成了电子，果然在双缝后面的显示屏上出现了电子的干涉条纹。

不过更诡异的事情还在后头，科学家们突发奇想，要是用单个电子来穿过缝
隙会怎么样呢？于是有了单电子双缝干涉实验。单电子双缝实验要求电子一个一
个发射，穿过双缝后看看电子落到显示屏的什么地方。

按照我们日常经验的推测，电子应该穿过其中一条缝隙落在显示屏上，这就
像我们要走进一个有两扇门的房间一样，要么走前门，要么走后门，走前门就会

来到房间的前门，走后门就会来到房间的后门。

不过实验结果让人大吃一惊。在显示屏上居然出现了干涉条纹，就跟同时发射一堆电子出现的干涉条纹一样，这就是说，电子自己和自己发生了干涉，从这方面看，电子的波动绝对不是通常意义上的波。

对于单电子干涉实验，最好的解释就是费曼的路径积分。

还是从双缝干涉实验说起吧。

例如，一个房间里有两个门，我们要想进入房间走到桌子旁，可以走前门，也可以走后门，我们走到桌子旁的概率，就是从前门进入房间的概率，加上从后门进入房间的概率，这是对于我们，但是对于电子会怎么样呢？

我们把电子双缝干涉实验再做复杂一点，在双缝和显示屏之间再放一块板子，这块板子上面又有两条缝隙，电子可能穿过其中一条，也可能穿过另外一条，那么电子穿过双缝后还要再穿过一次双缝。这么一来，电子到达显示屏的路径就会变成四条，电子出现在显示屏上某点的概率就会是这四条路径的概率之和。要是板子上有三条缝隙呢，就有了六条路径，电子出现在显示屏上某点的概率就成了这六条路径概率之和。

那要是无数条缝隙会怎么样呢？

要是无数条的话，就意味着在双缝和显示屏之间根本就没有板子。这样的话，电子到达显示屏上的某一个点有无数条路径，到达某一个点的概率也就是无数条路径概率的总和。这已经说明了电子的波动是概率波了。

可如何计算这无数条路径概率之和呢？

我们之前计算四条、六条路径时，用的都是加法，现在当然还是用加法，不过这个加法和之前有一点区别，之前的加法都是有限的数字相加，而现在是要用无数的数字相加，这就要用到积分了。

积分是微积分的一部分，是牛顿发明的数学方法，用来计算无限情况下的数学形式。微分从根本上来说就是除法，而积分就是加法，要是有无数的数字相加的话，就要用到积分了。

费曼把无数条路径用积分的方法加了一下，结果和实验数据结果刚好吻合，对于物理学家来说，只要计算方法和实验数据吻合，这种方法就是正确的。所以费曼的路径积分是正确的。

费曼的路径积分和海森堡的矩阵力学，还有薛定谔的波动方程，都是量子力学的数学描述方式，因为路径积分出现得晚，于是路径积分被称为量子力学的第三种解释。

矩阵力学背后隐藏着神秘的测不准原理，波动方程的身后有概率波的幽灵，作为第三种解释的路径积分，背后是不是也隐藏着一些令人费解的东西呢？

当然是的。

一个电子没有生命，它又如何在一瞬间计算完所有的路径，并选择合适的路径到达显示屏的呢？听起来有些不可思议，但这就是电子最自然的状态，也是微观世界的真实情况。

传说爱因斯坦看到费曼关于路径积分的论文后，长叹一声，说道："我可能真的错了。"在这个世界上，能让爱因斯坦认错简直是天方夜谭。

爱因斯坦一直对量子力学颇有微词，后来还因此掀起了一场物理界的世界大战，而费曼居然能让爱因斯坦在量子力学上认错！光凭这一点，就足够费曼吹到地老天荒了。

作为量子论的三巨头之一的爱因斯坦，对于量子力学为什么会心怀不满呢？一方面是玻尔量子力学的哥本哈根诠释触及了他的底线；另一方面就是不管是矩阵力学还是波动方程，都没有考虑到他提出的相对论效应，这简直就是"拿村长不当干部"啊！

好在，后来出现的一位天才少年考虑到了微观世界的相对论效应，这位少年就是狄拉克。

7. 真空里到底有什么

阳春三月，我们会感到暖风拂面的惬意。数九寒天，我们又会领略寒风怒号的凛冽。这一切都在告诉我们，在看起来什么都没有的空间里，其实有着我们看不见的东西，这种东西就是我们时刻都不能缺少的——空气。要是没有空气呢，那就是真空了。

在地球上，我们可以凭借科技手段制造近似的真空，前面我们说过的真空管就是近似的真空。我们把目光投向茫茫太空，除去日月星辰和宇宙尘埃，那里就是真正的真空了，可是真空真的就是空的吗？

少年狄拉克说未必。

在量子力学的星空中，狄拉克是最奇怪的一颗星星了。

首先，他和量子力学诸位大师的师承关系有点远，他的老师是福勒，福勒虽然也是优秀的物理学家，不过和量子力学关系不大。不过福勒的老丈人就是大名鼎鼎的卢瑟福，而玻尔是卢瑟福的学生，这么看来，狄拉克也算是量子学派的旁支弟子了。

其次，量子力学的那群"星星"个个能言善辩，滔滔不绝，尤其是泡利，简直让人望而生畏，而狄拉克则不善言辞，一个小时也未必能说一个字，他的朋友们更是恶搞地把"一个小时说一个字"定义为一狄拉克单位……

既然他惜字如金，那自然也不喜欢听别人说废话了。

玻尔写论文时喜欢口述，再由别人记录，这难免说了又改，改了又说，有一次恰巧狄拉克在场，狄拉克说道："我以前在学校里被这么教导：在不知道如何结束一个句子之前，就不要动笔。"玻尔虽然不是他的老师，但好歹也算长辈，狄拉克这样对长辈说话，情商也着实堪忧。

可就是这样一个木讷少年，却首次将量子力学和相对论这两种最伟大的科学结合在一起。

海森堡的矩阵力学没有相对论，是因为他没有想到；薛定谔的波动方程没有相对论，是因为他做不到，所以他们的理论都只适用于电子在低速下运动，要是电子速度接近光速，则必须要考虑到相对论效应，这个时候无论是矩阵力学还是波动方程，都会失去作用。

保罗·阿德里·莫里斯·狄拉克（1902—1984），英国物理学家

狄拉克则推导出了电子在接近光速运动时适用的——狄拉克方程。狄拉克方程将相对论和量子力学结合在一起，创造了一门新科学，这就是量子电动力学。

狄拉克方程一出现，第一个震惊的就是泡利，因为狄拉克方程可以直接推导出电子自旋，而电子自旋是泡利不相容原理必不可少的，之前泡利是把电子自旋当成一种假设提出来的，后来虽然实验证实了，但是还是有点名不正言不顺。现在狄拉克方程直接推导出了电子自旋，算是补上了量子力学的一块"短板"。

接下来狄拉克方程就要震惊世界了。

狄拉克方程居然有负数解？这可是开天辟地头一遭。

以往任何物理理论在描述我们这个现实世界时，无论是微观世界还是宏观世界，都只有正数解，而现在狄拉克方程有了负数解，就意味着还有另外一个世界。

狄拉克认为，我们的现实世界就像一条船，这条船下面就是无边无际的"狄拉克之海"。

这个"狄拉克之海"就是由负能级的电子构成。大家还记得吗？我们曾经介绍过，电子是一群懒家伙，它们总是去能量更低的地方玩耍；它们还是一群不合群的熊孩子，每个能级只能容纳两个自旋相反的电子。如此一来，这群懒散的熊孩子就不能继续去负能级玩耍，也因此构成了我们现在的世界。

但是，万一有一个负能级的电子被激发出来呢？就像一个不安分的熊孩子突然想跑出去，它要是跑出去了，这个世界就会失去一个电子，这样世界就会带正电荷。那么，我们的世界就会带电了，世界将会失去平衡，最终走向崩溃。

为了保持世界稳定，就会出现一个正电子来平衡失去的负电子，这听起来有点匪夷所思，不过对于物理学家来说，只要被实验证实了，那就是正确的。

就在狄拉克做出正电子预言后不久，正电子就真的被发现了，这证明了狄拉克理论的正确性。

有了正电子，自然就会有负质子。

这么一来，就会出现一个反物质世界。在反物质世界里，所有物质都和我们这个世界相同，只不过电荷是相反的。再展开一下我们的想象力，在反物质世界里，就可能存在一个完全一样的你，不过你和反物质世界的你只能四目相对，千万不能握手啊，因为就在你们握手的一瞬间，会产生正反物质湮灭，你和反物质的你就会变成一片光芒消失。

这个神秘的反物质世界就藏在真空之中，看起来空无一物的真空里真是丰富多彩啊！

狄拉克的这个巨大成就，给他带来了1933年的诺贝尔物理学奖。这让羞涩的狄拉克不知所措，他担心自己会为盛名所累，打算不去领奖，他的师爷卢瑟福告诉他："如果你这样做，你会更出名，人家更要来麻烦你。"

于是，狄拉克这才羞羞答答地走上了诺贝尔领奖台。

按理说，作为狄拉克这样的"科学怪人"的孩子应该是很无趣的，童年可能都在老爸埋头于论文中度过，可是，狄拉克的女儿却很幸福，谁能想到狄拉克竟然是一个"女儿奴"呢？

虽然狄拉克不喜欢和朋友、同事说话，可是他会抱着女儿一个字一个字地读童话书；电视机发明以后，他还和女儿一起看《米老鼠和唐老鸭》，要是哪一天狄拉克开会迟到了，人们都知道他一定是陪女儿看动画片去了。

狄拉克晚年，为了和女儿住得近一些，他干脆辞去了剑桥大学的教职，找了一所离女儿住处近的大学任教。

科学上取得了巨大的成就，生活上又有可爱的女儿相伴，狄拉克的一生可谓完美。可是他隔壁办公室的爱因斯坦却有点不开心，到底是谁惹了这位伟大的物理学家呢？

物理学
大神图谱

女婿

师生

好

姓名：卢瑟福
职业：英国物理学家
成就：原子行星模型

姓名：福勒
职业：英国物理学家
成就：热力学第零定律

姓名：玻尔
职业：丹麦物理学家
成就：玻尔原子模型、量子力
学创始人、互补原理

师生

粉丝

姓名：狄拉克
职业：英国物理学家
成就：狄拉克方程

姓名：薛定谔
职业：奥地利物理学家
成就：薛定谔方程

师生

师生

师生

师生

助手

粉丝

同门师兄弟

姓名：玻恩
职业：德国物理学家
成就：量子力学创始人、矩
阵力学、波动方程解释

姓名：索末菲
职业：德国物理学家
成就：量子论重要人物

姓名：爱因斯坦
职业：德国物理学家
成就：相对论、光电效应、
量子创始人

姓名：海森堡
职业：德国物理学家
成就：矩阵力学、测不准
原理

姓名：德布罗意
职业：德国物理学家
成就：物质波

姓名：泡利
职业：奥地利物理学家
成就：泡利不相容原理

新物理大厦奇遇

玻尔在"原子盲拼大赛"中一举夺冠后，声名大噪，受市长委托修建一幢"新物理大厦"。

**重点项目
新物理大厦正式启动**

半年过去了……

啊啊啊啊啊啊啊啊啊啊啊啊啊——

怎么办啊？还有半年就要交楼了，我的设计图还没画完！

就是不会画。

要不要求助科学家建筑队？

很好！不错！

喂？科学家建筑队吗？我想找几个人过来搬砖。

你好，是爱因斯坦介绍我来的。你可以叫我阿德或者小意，不过他们都叫我"小王子"。

施工中……

德布罗意指出物质波假说，指出不止光具有波粒二象性，所有物质都具有波粒二象性。

嗯？哪来的猫？

哼！愚蠢的人类！我们可是来自微观世界的电子喵！

看来必须找同事帮忙了。

你快点！

算出来啦！！！

薛定谔提出了波动方程，从另一个方面总结出了微观粒子的运动形式，波动方程和矩阵力学是等价的。

啊啊啊！差一点就是第一名……

海森堡提出了测不准原理，玻尔提出了互补原理，揭开了量子力学的真相，费曼提出了路径积分，这是量子力学的第三种解释。

对，是我一个人算出来的！

是我……

不，是我……

在科学家建筑队的分工协作下，大家抓住了电子喵，"新物理大厦"的地基终于打好了！这时，玻尔接到了一个神秘的电话。

大厦盖好了吗？我介绍的德布罗意，有没有帮我宣传我的新书《相对论》？

啊！我忘了……

当量子力学遇上相对论，会发生怎样的智慧的碰撞？下一章敬请期待吧！

第 三 章

量子力学的论证过程：华山论剑

1. 上帝不掷骰子

在本书开篇，我们就提到了20世纪初物理学天空的"两朵乌云"，其中一朵就引来了本书所讲述的量子力学，另外一朵则引爆了相对论。和量子力学不同的是，相对论几乎是爱因斯坦独立完成的，爱因斯坦也是量子论的开创者之一。

量子力学蓬勃发展，居然没有爱因斯坦什么事，这方面倒是还可以忍受，毕竟他的相对论已经撑起了物理学的半壁江山，但是，量子力学的发展后来触及了爱因斯坦的底线，那就是"确定性"，这让爱因斯坦无法忍受。

有了纷争，解决的最好办法当然是决斗了，一道剑光或者一声枪响就可以解决，不过大家都是文明人，这样做不太合适。

爱因斯坦VS玻尔

于是玻尔和爱因斯坦决定还是开会来商量一下，这就是第五届索尔维会议。

索尔维和诺贝尔一样都是有钱人，诺贝尔设立了一个诺贝尔奖，索尔维也打算设立一个奖，不过索尔维给获奖者定了一大堆条件，这些条件总结起来就是一句话——只允许他的同胞获奖！其实就是肥水不流外人田，这太小家子气了，所以索尔维奖一直没有人知道。看到设置奖项不行，索尔维就决定找世界上最著名的科学家们来一起探讨最前沿的科学问题，这就是索尔维会议。

索尔维会议1911年召开，每三年一届，1927年已经是第五届了，这一届几乎集结了当时最知名的科学家们，每一个与会者都极大地推动了人类科学的发展，可谓群英荟萃，简直就是人类智慧的巅峰。

第五届索尔维会议，C位的就是爱因斯坦

　　这次会议的科学家们主要分为三派，一派是以玻尔为首，手下大将有"打遍天下无敌手"的泡利、"捡漏大师"玻恩，当然，还有玻尔的得意弟子"矩阵力学"的提出者海森堡。

　　另一派则是以爱因斯坦为首，手下大将有"波动方程"的提出者薛定谔，还有匆匆赶来的"小王子"德布罗意。德布罗意本来是打算去参加一个历史学会议的，这位文理兼修的奇才在听说了这次盛会时，直接退掉车票来支持爱因斯坦。

　　还有一派是实验派，这一派人数众多，不过秉承沉默是金的原则，一般不表达观点，他们的任务就是做实验肯定或者否定某个观点。

　　大会第一天先是宣读了几份报告，来的都是大师，对当前科学的进展了如指掌，第一天就这么平静地过去了。

　　第一个挑起战端的是"小王子"德布罗意，他指出电子既是波又是粒子，至于电子到底是波还是粒子，是由观测方法决定的，这就好像盲人摸象一样，摸到大象的耳朵就会觉得大象是扇子，摸到大象的尾巴就以为大象是绳子。

　　对于德布罗意的看法，泡利第一个跳出来反对。泡利指出德布罗意恰恰说反了，电子在测量之前什么也不是，既不是粒子也不是波，只有在测量的那一瞬间才能决定电子到底是粒子还是波。还用盲人摸象来举例吧，要是用尺子去量的话，那么大象就像一条绳子；要是拿圆规去量的话，大象就像一把扇子。

　　泡利本来就是打遍天下无敌手，就连玻尔和爱因斯坦见了他也要礼让三分，何况是半路出家的"小王子"德布罗意？果不其然，没过几招，德布罗意就匆匆败下阵来，当他走下战场时，看了一眼爱因斯坦，结果主帅竟然在闭目养神！

第一回合，玻尔派胜。

既然已经取得了第一回合的胜利，海森堡和玻恩决定再接再厉，对薛定谔发起攻击。

他们指出薛定谔波动方程的波其实是一种概率波，表现的只是电子出现的概率，肯定不是薛定谔本人所说的"波包"，这在第二章我们已经说过，其实薛定谔自己对波包的解释也有点不太满意，不过也不能认可他们的概率波解释，此刻大敌当前，当然不能认怂，薛定谔恼羞成怒，干脆声称："我自己的方程我自己知道是怎么回事，用不着你们给我胡乱解释，有本事你们自己写一个波动方程出来啊！"

这话一出，果然局势逆转，海森堡先低下了头，自己就是由于数学不好，才被玻恩抢了矩阵力学的独创权，这一下子说中了海森堡的伤心往事。

玻恩也是哑口无言，他号称"捡漏大师"，要说创造性，确实差了一点，何况概率波的解释也是捡人家薛定谔的漏。

看到对面的气焰被打压下去，薛定谔心情总算好了一点。他回头看了看爱因斯坦，爱因斯坦居然面带笑容，也不知道他是在赞许海森堡还是默认薛定谔，不过作为主帅，他还是一言不发。

第二回合，在薛定谔的蛮不讲理下，勉强算得上平局。

看起来自己这一方落了下风，可是爱因斯坦心中波澜不惊，他清楚自己这一

方两员大将的功力确实不如对方深厚，何况还有"捡漏大师"玻恩这个老狐狸推波助澜，不过这些都不能动摇爱因斯坦的决心。

爱因斯坦从来没有反对过量子力学，他本人就是量子论的开创者之一，他反对的是量子力学的哥本哈根诠释。

依照玻尔的哥本哈根诠释，尤其是测不准原理和概率波（哥本哈根诠释的三大支柱中的两种解释），那么世界的确定性将消失。打个比方，足球运动员的临门一脚，在爱因斯坦看来，在踢出去的那一瞬间，是否能射门得分就已经确定了。而在玻尔看来，能不能射门得分完全靠运气，因为足球可能飞向球门，也可能飞向天空，甚至有可能绕场一周。

在爱因斯坦心中住着一位庄严的上帝，上帝把世界用帷幕遮掩起来，人类通过自己的努力，终究会撕下帷幕，真实世界将会展现在面前。在此期间，上帝会微笑着看着人类来破解他留下的谜题。

而在玻尔心中，上帝就是一个骗子，他手里握着骰子，要和人来玩猜谜游戏，而不是设好谜题等待人们来破解，这是爱因斯坦不能接受的，在爱因斯坦看来，上帝是绝不会掷骰子的。

爱因斯坦终于出手了，他没有说艰深的理论，也没有蛮不讲理，而是说："要不咱们做一个实验吧。"

听说爱因斯坦要做实验，玻尔差点儿没跳起来，心想：爱因斯坦，全世界谁不知道你动手能力差啊，小学时手工课上你做的小板凳都是全班最丑的，你居然会做实验？

传说在爱因斯坦小时候，有一次老师布置的手工作业是做一只小板凳，结果爱因斯坦交上来的是全班最糟糕的一个，老师忍无可忍，说道："这一定是全世界最糟糕的小板凳。"可是爱因斯坦不慌不忙地又拿出了另外两只小板凳，比交上去的那只更丑。原来爱因斯坦开始做了两只觉得太难看，又做了第三只，不过第三只也是全班最差的。

或许这个故事是虚构的，不过爱因斯坦动手能力不行确实是科学圈里人尽皆知的事实，因此听说爱因斯坦要做实验，玻尔才惊奇不已。

爱因斯坦微微一笑，说："我想要做的是一个思想实验。"

2.

爱因斯坦，不要教上帝怎么做

爱因斯坦所说的思想实验是在现实中无法完成，纯粹靠想象力来做的实验。

在科学的历程中，思想实验很常见，并且作用巨大。

比如伽利略知名的"两个铁球同时落地"的实验，就是一个思想实验。因为并没有证据证明伽利略在比萨斜塔上做过这个实验。

很久以前，人们认为要是从空中扔下两个铁球，大铁球降落的速度会比小铁球更快。伽利略却认为这不对，并大胆地向"最博学的人"——亚里士多德的这个观点提出质疑。年轻的伽利略通过计算和推演，得出结论：亚里士多德的观点错误，两个铁球是同时落地。他也因此发现了自由落体定律。

现在我们知道了，思想实验就是利用原来说法中的漏洞，从而得到自相矛盾的错误，来证明原来说法是错误的。现在爱因斯坦就是要利用思想实验来证明玻尔的理论是错误的。

爱因斯坦要做的思想实验其实就是单电子衍射实验，不过爱因斯坦注重的是实验过程。

爱因斯坦的实验是这样的：把一个电子射向一个挡板，挡板上有一个非常狭小的缝隙，这个缝隙小到只能穿过一个电子，在电子穿越缝隙时，电子会和挡板产生作用，就像我们推门时门也会"推"我们一样。

现在我们来复习一下：动量就是质量和速度的乘积，动量的总和是不变的。

当电子穿过缝隙时，想要知道电子的动量，我们可以不去测量电子，而是去测量挡板的动量，根据动量守恒原理，我们就知道了电子的动量。

而狭缝的缝隙宽度也可以通过测量确定，从而确定电子的位置。这样一来，电子的动量和位置都可以得到精确的测量。这就意味着海森堡所说的测不准原理不正确。

测不准原理正是量子力学哥本哈根诠释的关键部分，要是测不准原理出了问题，那么哥本哈根诠释也就站不住脚了，爱因斯坦的温柔一击击中了玻尔的软肋。

对于爱因斯坦的所为，玻尔感到很不理解。

遥想当年，他和普朗克、爱因斯坦联手，共同撼动了经典物理学的大厦根基，一起创建了量子论，开创了物理学的新天地，也是从那时起，他们成为莫逆之交。

最能证明两人友谊的是玻尔对诺贝尔奖的态度。

由于人们对相对论的反对，爱因斯坦迟迟不能获得诺贝尔奖，而玻尔原子模型的成功，使他获奖呼声越来越高。

这件事情如果落在别人身上肯定是又兴奋又期待的，但对于玻尔来说，却是忧心忡忡，他担心自己若在爱因斯坦之前获奖，会让老朋友面上无光。

最终，诺贝尔奖委员会的一个巧妙安排，消除了玻尔的心病。

1922年，诺贝尔奖委员会决定授予爱因斯坦上一年度的诺贝尔奖，而把本年度的诺贝尔奖授予了玻尔，于是两人就有机会同时登上诺贝尔奖的领奖台。

听到这个消息后，玻尔立即写信给旅途中的爱因斯坦。玻尔表示，爱因斯坦能在他之前获奖，将是自己"莫大的幸福"。

爱因斯坦在回信中说："收到了您热情的来信。我可以毫不夸张地说，它像诺贝尔奖一样，使我感到快乐。您担心在我之前获得这奖项。您的这种担心我觉得特别可爱——它显示了玻尔的本色。"

但是友谊并不能消除科学观点上的差异，既然爱因斯坦已经出招了，玻尔就不得不接招，他手下的几员大将是绝对对付不了爱因斯坦的。

玻尔沉思良久，想到了破解的办法。

他指出挡板和电子属于一个系统，这个系统的动量是无法精确测量的，并不能用爱因斯坦的方法来分别计算挡板或者电子的动量，爱因斯坦的想法其实就是——已知小明同学的语文和数学总分，若知道小明同学的语文分数，那么自然就知道了他的数学分数。可是我们的成绩在班级里排名的时候，是只看总分的。我们已知小明同学在班级里的排名，是不能知道小明语文多少分，数学多少分的。这就是玻尔的破解方法。

听完玻尔的解释，爱因斯坦一声怒吼："上帝不掷骰子！"

爱因斯坦这么说是有原因的。

在爱因斯坦看来，世界是确定的，就像太阳每天东升西落一样，人们可以不了解世界运行的规律，但并不意味着世界运行无规律可循。

而测不准原理表现出的却是世界无规律可循，就好像上帝在和人类玩掷骰子一样，当然，爱因斯坦这里说的上帝并不是真的上帝，而是宇宙运行的客观规律。

看到爱因斯坦有点儿恼羞成怒，玻尔也生气了，既然你出的题我解出来了，该认输就认输，扯什么上帝啊？

"爱因斯坦，不要教上帝怎么做！"玻尔也有些生气了，一句话脱口而出。

虽然爱因斯坦不想承认，但是他知道这次是输了。

第三回合，玻尔胜。

第五届索尔维会议，玻尔和爱因斯坦之间的第一次交锋以玻尔方两胜一平的成绩获胜，爱因斯坦惜败。

爱因斯坦一声长叹，转身离去。

看着爱因斯坦萧索的背影，玻尔并没有任何胜利的喜悦，因为他知道，像爱因斯坦这样的对手是不会善罢甘休的，这一次并不是最终的胜利，只是一次休战期。三年之后，爱因斯坦一定会卷土重来，那时势必又是一场血雨腥风。

3.

一剑封喉

1930年，比利时首都布鲁塞尔，第六届索尔维会议召开了，又一场巅峰对决要上演了。

这次主攻方还是爱因斯坦，不过和第五届索尔维会议不同，上次是先由双方手下大将交锋，最后才是双方主帅的雷霆一击。而这次会议刚刚开始，爱因斯坦就走上战场，看来这三年时间让爱因斯坦有些迫不及待了，那么这次他又会亮出什么高招呢？

这次爱因斯坦带来的是一个箱子，这个特殊的箱子里什么都没有，只有一束光，所以这个箱子被称为光箱，这个思想实验也就被称为光箱实验。

由于光具有波粒二象性，也可以说箱子里有一堆光子。在这个箱子里，爱因斯坦设置了一个快门，这个快门的开启由时钟决定，到了设定的时间，快门就会开启，释放出一个光子，这样一来释放光子的时间就确定了。

由于箱子里少了一个光子，箱子肯定会轻一点，先不管轻了多少，因为是思想实验，反正能测量出箱子轻了多少，这样的话，就知道了光子的质量。好了，见证奇迹的时刻到了，根据爱因斯坦的质能方程，只要知道了光子的质量，就可以知道光子的能量（这其实也是后来制造原子弹的理论基础），也就是说，光子的能量是可以确定的。

爱因斯坦光箱

在爱因斯坦的光箱中，光子释放的时间是由时钟决定的，这样的话，光子的能量和时间都可以确定了，而海森堡的测不准原理说微观粒子的时间和能量是不能同时精确确定的，现在爱因斯坦的光箱可以同时测定光子的时间和能量，这就是说测不准原理是不正确的。

爱因斯坦说罢，举座皆惊，大家都把目光投向了玻尔。

玻尔更是一脸迷茫，本来这次索尔维会议的主题是磁场，大家都以为关于量子力学的纷争已经结束。玻尔虽然知道爱因斯坦不会善罢甘休，但是他没有想到爱因斯坦用三年时间居然磨出这么一把锋利的剑，剑锋所指，玻尔感到一阵寒意。

看到玻尔大窘，爱因斯坦得意之情溢于言表，不由得又拉起了他的小提琴。看到爱因斯坦拉起小提琴，众人纷纷远去。爱因斯坦的小提琴和他的物理学成就一样出名，只不过他的小提琴水平远比不上他的物理学成就，说是锯木头可能有点儿过分，但最多也就是个业余水平。

听着爱因斯坦并不悠扬的琴声，玻尔夜不能寐，大会给爱因斯坦安排的房间就在玻尔楼下，本来是打算他们俩住得近，能更好地讨论问题，没想到却给了爱因斯坦拉琴的可乘之机。

其实就算没有爱因斯坦琴声的打扰，玻尔也睡不着觉，因为爱因斯坦的光箱实验剑锋凌厉，直接刺中了哥本哈根诠释的核心，要是不能破解的话，只能说哥本哈根诠释是错误的，爱因斯坦的光箱实验肯定有漏洞，可这个漏洞到底在哪里呢？

听着玻尔一晚上的踱步声，爱因斯坦虽然暗暗高兴，可也难免于心不忍，毕竟是多年好友，不过这都是为了科学，为了科学进步，个人的荣辱得失确实算不了什么。

卢瑟福作为汤姆孙的学生，推翻了老师的西瓜模型；玻尔作为卢瑟福的学生，又推翻了老师的行星模型；而海森堡作为玻尔的弟子，一样把玻尔的原子模型扔进了历史的垃圾堆。对于他们来说，纠正错误根本就不是什么问题，他们都有"欺师灭祖"的优良传统。

一切都要等待明天了，要是明天玻尔不能破解爱因斯坦的光箱，那就意味着即将开始一场物理学的新革命；要是破解了呢，那么人们对量子力学的理解会更加深入。

明天又会是怎样的呢？

4. 以彼之道，还施彼身

第二天，虽然难掩彻夜未眠的疲惫，玻尔看起来依然精神抖擞，这让爱因斯坦不禁有些心惊，莫非这位老朋友一夜之间破解了他的光箱？

玻尔在爱因斯坦的光箱上画了一个弹簧秤，这就是玻尔想到的破解之道。爱因斯坦利剑的指向就是测不准原理，那么就来看看测量的结果到底如何。

当光箱发出一个光子后，光箱的质量就会减小一点，要测量出来这一点，只能靠玻尔所加的这个弹簧秤。我们都知道弹簧秤是靠弹簧的伸长和缩短来测量物体的质量的，现在光箱就吊在弹簧秤上，要是光箱的质量减小了，那么弹簧就会缩短一点，只要测量出弹簧缩短了多少，就可以知道光箱损失的质量，也就是光子的质量了。

所有的关键就在缩短的这一点上。

根据爱因斯坦的相对论，在引力场中位置的变化会引起时间的变化，这样的话，时间就测不准了，即便弹簧秤测量出了光箱质量的变化，得到了光子的质量，从而知道了光子的能量，可是由于时间无法精确测量，所以测不准原理还是正确的。

从玻尔画出弹簧秤那一刻，爱因斯坦就感到一阵恐慌，他意识到自己百密一疏，可是令他没有想到的是，玻尔竟然用他提出的相对论来反驳他，总不能为了反对玻尔的论调，站起来说自己的相对论有问题吧，更何况相对论没有问题，它是自己一生中最得意的理论。

现在我来给你们解释一下爱因斯坦的相对论吧。

在开篇开尔文爵士关于"两朵乌云"的演讲中，其中一朵乌云发展出了量子力学，另一朵乌云带来的就是相对论。和量子力学不同的是，相对论几乎是爱因斯坦一个人完成的。

在人们以往的认知中，时间是一往无前的，是不可改变的，这一点伟大的孔夫子认识得最透彻，他曾经看着奔流不息的河水长叹"逝者如斯夫"，可是这一切关于时间的认知都在相对论出现以后改变了。

在爱因斯坦的相对论中，时间还是一往无前的，所以我们看到的那些穿越剧都是不可能的，不过时间却不再是不可改变的了，时间会随着速度及引力的大小改变流逝的快慢。

《西游记》中有种说法是——"天上一天，地上一年"，所以孙悟空在天上当了半个多月的弼马温，人间的花果山却过了十几年，他再回去时，那群猴子猴孙都老了，要是用相对论解释的话，那就是——天宫在高速运动中，所以时间的流逝会慢很多。

若是这样的话，观音菩萨估计会很苦恼，刚刚下界帮助完师徒四人，回来还没有喘口气，齐天大圣就又找上门来了，敢情取经那些年，整个天宫什么都不干，专门为师徒四人服务了。

这是速度对时间的影响，速度越快，时间流逝得越慢。

除了速度，引力也会对时间的流逝产生影响。由于引力是由质量产生的，质量越大，引力也就越大，要是在一个质量非常大的物体附近，时间也会变慢。《西游记》中，如来佛祖曾说过"山中方七日，世上已千年"，按照相对论所说，如来佛祖所居住的灵山应该是一个超大质量的物体，所以它附近的时间流逝变得非常缓慢。

为什么如来佛祖的灵山不会是由于运动速度快而使得时间流逝变慢呢？因为灵山在大地上啊，唐僧师徒是走路西天取经的，所以只能是由于灵山质量非常大造成引力非常大，从而使得时间变慢。

这也可以解释为什么六耳猕猴和大鹏鸟到了灵山就束手就擒了，因为引力太大了，他们想跑也跑不了。

好了，明白了这个道理，就可以知道为什么玻尔说的话会让爱因斯坦心惊胆战了。

在大质量物体形成的引力范围内，时间会变慢，并且引力的大小和距离有关，离得越近，引力就会越大；离得远一点儿呢，引力就会小一点儿，所以，在引力范围内，距离的变化就会引起时间流逝速度的变化。

这一点是有科学证明的：准备两个制造得非常精密的钟表，将它们的时间调成一样的，一个拿到高塔上面，一个放到地面上，过一段时间就会发现，两个钟表的时间变得不一致了，一个快、一个慢，所以居住在高层的人会比低层的人寿命长一点儿，不过这"一点儿"对于漫长的人生来说可以忽略不计。

由于爱因斯坦做的是思想实验，所以，即便是一分一毫的误差，都要考虑进去，弹簧收缩的那一点儿距离引起的时间变化，使得时间的测量变得不准确，因此测不准原理还是正确的。

玻尔一生喜欢东方哲学，他的量子力学的互补原理解释就来自古老东方的阴阳学说，他还把太极图设计成自己的爵士纹章图案，所以玻尔拿出"以彼之道，还施彼身"的东方智慧击败了爱因斯坦也在情理之中。

玻尔的爵士纹章

玻尔和爱因斯坦的第二场对决，玻尔胜。

虽然玻尔胜利了，但玻尔没有丝毫的喜悦，他已经感到了爱因斯坦越来越强的攻势。上一次交锋他还可以见招拆招，可这一次他足足耗费了一个晚上才想出对策，天知道下一次爱因斯坦又会想出什么神奇招式来。

爱因斯坦也没有想到自己会输，这个光箱实验是他思考了很久的结果，只是

没有想到玻尔居然会用他最得意的相对论来反击，看来还是百密一疏。

爱因斯坦确实是百密一疏，不过并不在他的相对论上，而是玻尔根本就没有完全破解爱因斯坦的光箱实验。

玻尔所说的测不准的时间是弹簧收缩的时间，而爱因斯坦所说的时间是光子逃出光箱的时间，这两个时间点是不一样的，不过当时爱因斯坦心烦意乱，并没有注意到这一点。

爱因斯坦是绝不会认输的，他准备在下一届索尔维会议上提出新的想法来反驳玻尔，只是那时候的他并不知道，他再也不能参加索尔维会议了。

但爱因斯坦没有停下脚步，他后来提出的EPR悖论几乎使量子学派遭受了灭顶之灾。

5.

量子幽灵

接连输了两次，但是爱因斯坦并没有打算放弃，他本来就是个不服输的人，否则也不可能凭借一己之力开创物理学的新时代，只不过他再也没有和玻尔正面交锋的机会了。

纳粹已经在德国上台，开始疯狂迫害犹太人，作为有史以来最知名的犹太人——爱因斯坦自然也受到了排挤。爱因斯坦只能离开德国，去了美国。不只是爱因斯坦，那些最优秀的科学家也纷纷逃离德国，这也使得科学研究的中心从欧洲转移到了美国。

由于欧洲的政治问题，爱因斯坦没能参加第七届索尔维会议，没有爱因斯坦的索尔维会议未免有些无趣，不过玻尔也不轻松，因为爱因斯坦隔空对他下了战书。

那时候"实验派"大都已经倒向玻尔一方，爱因斯坦深感人单势孤，于是开始重新招兵买马。在美国，爱因斯坦遇到两个小伙伴，他决定将这两个小伙伴招入门下。

这两个人就是波多尔斯基和罗森，这两个名字读起来有点儿拗口，不过这并不重要，只要记住他们名字的首字母就可以了。爱因斯坦和他们共同提出了一个理论，叫作EPR悖论，E代表爱因斯坦，P和R就代表这两个小伙伴。

EPR悖论就是后来所说的"量子纠缠"，爱因斯坦依然把目标对准了测不准

原理。

如果把一个粒子分成两块，一块为A，一块为B，它们开始运动，根据测不准原理，我们既不能同时测得A的位置和动量，也不能同时测得B的位置和动量，不过爱因斯坦想到了一个办法，那就是分开测量。

一个粒子分裂成两个粒子

两个粒子的动量大小相等、方向相反

测量它的位置　　测量它的动量

可确定它的位置和动量

分开测量

这个解释起来有些复杂，我们还是举例来说吧。

小明和小红面对面站在滑冰场上，两人互相推一下，然后小明向左滑，小红向右滑，根据海森堡测不准原理，我们是没有办法同时知道小明同学的位置和动量的。因为我们在测量小明位置的时候，他的动量是没有办法测量精确的，但是我们同时测量小红的动量，要是小红重50千克，速度是6米/秒，动量就是300（千克·米）/秒，由于动量守恒，那么小明同学的动量也是300（千克·米）/秒，这样我们就同时知道了小明同学的位置和动量。于是，测不准原理就不对了。

爱因斯坦这次放出的大招确实击中了玻尔的软肋，到现在为止，都没有对EPR佯谬（指基于一个理论的命题，推出了一个和事实不符合的结果）的完美解释。

爱因斯坦这个思想实验一出，玻尔一方顿时一片大乱。

第一个跳出来的就是"物理界的良心"泡利，不过泡利可不是跳出来反击爱因斯坦的，他的炮火对准的是同门师弟海森堡，他要海森堡对此做出解释。不过这也正常，测不准原理就是海森堡提出的，他不解释谁解释啊……

海森堡提起笔来，沉思良久，也没有写出什么，他想了又想，最终把草稿纸搓成一团扔进了废纸篓。

海森堡成了玻尔方被爱因斯坦斩落马下的第一员大将。

泡利就更指望不上了，虽然他是玻尔手下的一员大将，不过他一直视爱因斯坦为偶像，成天以"爱因斯坦继承人"自居，这次有机会报效自己的偶像，他自然不会放弃机会，这也是泡利把海森堡拎出来"攻击"的原因，所以指望泡利站出来是不可能的了。

至于玻恩，这位"捡漏大师"捡了海森堡的漏，还捡了薛定谔的漏，可是要他独当一面还是有点儿难度。

能阻挡爱因斯坦攻势的也只有玻尔了，他不是已经连续两次战胜了爱因斯坦吗？不过这次玻尔也有点儿心虚，但也只能无可奈何地接招。

玻尔说："测量的动作会造成不可避免的物理干扰。"这是量子力学的老论调了，意思是，物理学家的观察和观察方式会影响观察的结果。

举例来说，古典的物理学家就好像我们看戏、看电影、看电视剧一样，无论观众多么热情，即使叫好声把嗓子喊哑了，鼓掌把手拍红了，也不可能改变戏、剧的结局。而量子时代的物理学家，则更像是在看球赛，观众的一声声呐喊是完全有可能影响比赛结局的，这种比赛我们见过很多。

可是玻尔的论调这次说不通了，因为爱因斯坦做的是思想实验，根本就没有干扰的问题，就好像我们在电视机前看足球比赛直播，你再怎么喊，甚至砸了电视机，也不会影响现场比赛结果。

玻尔琢磨了一下，继续说："被测量的微观粒子和测量仪器构成一个整体，测量粒子A的位置的仪器可以测得A的位置，从而知道B的位置，但是因为不能测量A的动量，所以也就不能测得B的动量。"

这也不是什么新鲜观点。在玻尔和爱因斯坦的第一次交锋中，玻尔就用这一招破解了爱因斯坦的电子衍射思想实验，这一招这次不灵了。

通俗地说，假设爱因斯坦有一双手套，一个寄给了一万光年距离以外的玻尔，一个自己留着，在玻尔打开快递的同时，他看到了一只左手手套，立即就能知道爱因斯坦手中的是右手手套，也就是说，玻尔在一瞬间知道了一万光年距离以外的信息。这其实是不可能的，因为根据爱因斯坦的相对论，光速是不可超越的，就算信息以光速传递，那么玻尔也至少需要一万年才知道爱因斯坦手中的是什么手套。而玻尔在一瞬间就知道了爱因斯坦手中是什么手套，这就好像有一个幽灵通知了玻尔一样，这个幽灵后来被称为量子幽灵。

不过，玻尔一直说的是微观世界的粒子，并没有强调宏观世界不适合量子理论。

隐忍很久的薛定谔站了出来，他也做了一个思想实验，打通了宏观世界和微观世界的界限，这个思想实验就是著名的——薛定谔的猫。

说起薛定谔的猫来，大家都会有点儿印象，这几乎可以说是物理学界唯一"出圈"的梗。不管遇到什么不可捉摸、变幻莫测的事情，都会感叹一句"这就是薛定谔的××"，比如考试时自己有把握的科目却没有发挥好，或者没有把握的科目却取得了好成绩，就习惯把这个分数叫作"薛定谔的分数"。

现在，我们知道了薛定谔的猫指的是超出我们日常经验并且不可能预测的东西，这确实是薛定谔的猫的本意。

话说薛定谔自从自己的波动方程被玻恩解释为概率波以来，心情一直很不爽，可是又说不过玻恩，很憋屈。现在爱因斯坦提出了EPR悖论，薛定谔可算是找到了怼玻恩的办法，于是他提出了薛定谔的猫来恶心整个量子学派。

薛定谔的猫假设了这样一种情况：将一只猫关在装有少量镭和氰化物的密闭容器里，如果镭发生衰变，会触发机关打碎装有氰化物的瓶子，那么猫就会被毒死；如果镭不发生衰变，猫就可以活下来。根据玻恩的概率波解释，镭的衰变存在概率，放射性的镭处于衰变和没有衰变两种状态的叠加，于是这只猫就处于死和活两种叠加状态。

现在我们来解释一下薛定谔所说的几个概念：

薛定谔的猫

首先是镭，镭是一种放射性元素，由伟大的居里夫人发现，这种元素就像是一个爱美的女孩，她对自己的身材有很高的要求，所以她一直在减肥，不断地向外界释放东西，以此来保持自己的好身材，不过她释放的东西可不是脂肪，而是 α 粒子。α 粒子还有印象吗？当初卢瑟福就是用 α 粒子完成了散射实验，揭开了微观世界的面纱，在本书的第一章我们曾经详细说过。

α粒子是微观粒子，具有微观粒子的特性，不但有测不准原理，也有概率波，这样的话，α粒子从镭元素中逃脱以后，它的行踪就飘忽不定了，有可能触发机关，也有可能不触发机关。要是触发机关的话，装有氰化物的瓶子就会打碎，氰化物是一种剧毒物质，在电影中，我们经常会看到风度翩翩的间谍携带着一小瓶氰化物，若被抓住，可以选择当场自杀，连神通广大的间谍都逃脱不了死亡的命运，更何况那只可怜的猫呢？要是α粒子没有触发机关，氰化物的瓶子就不会打碎，那么那只猫就能活下去。

问题就在这里，由于机关会不会被触发并不能确定，那么猫就有可能活，也有可能死，这只猫是不是有些可怜啊？不过更诡异的事情还不止于此，由于是概率波，猫就要处于一种死与活的叠加状态，就是说，既不能算死，也不能算活，那么到底猫是死是活呢？最简单的办法就是去看一眼。

只要我们去看一眼，就能知道猫是死是活，不过更大的问题来了，本来这只可怜的猫处于死与活叠加的状态，可是在我们看的时候，猫的状态就确定了，或者死或者活，这就是说，我们使得粒子的不确定性变成了确定的，我们用意识决定了猫的生死，这可是只有上帝才能做到的事情啊，现在居然每个人都做到了，这也太不可思议了。

于是，这只猫就成了物理学的噩梦。之前玻尔面对爱因斯坦的质疑，说量子世界就是这样的，反正量子世界看不见摸不着的，当然随便玻尔怎么说，可薛定谔的猫则把微观世界和宏观世界联系起来，微观世界看不到，猫的生死总能看到吧。

顺便说一句，EPR悖论还有一个更通俗的名字，叫作量子纠缠，这个名字就是薛定谔取的，薛定谔是当之无愧的取名大师，之前德布罗意的物质波也是他取的名字。

再来说一下，量子纠缠和薛定谔的猫的关系吧。

下面还是请爱因斯坦的手套来说一下这个关系。在玻尔打开快递之前，不但玻尔不知道手套是左手还是右手，就连爱因斯坦也不知道，这个时候手套处于不确定状态，可是在打开的那一瞬间，玻尔不但知道了自己的手套是左手还是右手，同时也知道了爱因斯坦的手套是左手还是右手，而薛定谔的猫呢，在看之前并不知道猫是死是活，猫的生死处于不确定状态，在看见猫的一瞬间，就知道了猫是死是活，猫的状态就确定了，这两者其实是完全相同的。

可是这到底是怎么回事呢？我们真的能成为上帝吗？

7.

平行世界

在很多影视剧中，我们会听到"平行世界"的概念，比如《蝴蝶效应》，比如《回到未来》，再比如热播的穿越剧，也隐含着平行世界的假说。

平行世界假说又叫多世界假说，是量子力学的一种解释，就是为了解决"薛定谔的猫"的问题而提出的。

多世界假说认为，我们在去看猫的那一瞬间，整个世界分裂成了两个，一个世界里猫活着，一个世界里猫已经死去，这个说法倒是完美地解决了猫的死活的问题。可更加匪夷所思的是，在薛定谔的思想实验中，观察者还只是用意识决定猫的生死，而按照多世界假说理论，我们所有人都可以用意识去创造无数个世界。

我们的每一个选择都会把世界分裂：吃早饭的时候，思考喝牛奶还是喝豆浆时，世界就分裂成了两个，一个世界里喝牛奶，一个世界里喝豆浆；来到学校门口，想先迈左脚还是先迈右脚进校门时，世界又会分裂成两个，一个世界里先迈左脚走进了学校，另一个世界里先迈右脚走进了校园。

我们的漫漫人生路，其实就是由无数个选择构成的，这样一来，在这个世界里你是一个普通人，在另外某个世界里可能就是霸道总裁；在这个世界里，父母唠唠叨叨，嫌你不如别人家的孩子，在另外某个世界里，可能你就是那个别人家的孩子。

多世界假说听起来很美好，可是有一个致命的缺陷，那就是无法进行实验验证。各个世界之间是没有联系方式的，我们只能感知到目前存在的世界。

多世界假说产生之初就不被物理学界看好，玻尔根本就没有对多世界假说做任何评论，实际上他也没法评论，因为多世界假说是对量子力学的另一种诠释，要是这个假说正确的话，那么玻尔自己的哥本哈根诠释就成错误的了。

爱因斯坦倒是发表了看法，不过很不友好："我不能相信，仅仅是因为看了它一眼，一只老鼠就使得宇宙发生剧烈的改变。"

对于爱因斯坦来说，多世界假说比起玻尔的哥本哈根诠释更令人难以信服，玻尔的理论好歹还有数学证明和实验验证，多世界假说纯粹就是天马行空的想法啊！

不过，近些年，多世界假说又热了起来，各种影视剧都开始借用这个神奇的理论。这是为什么呢？

因为最近科学家们发现，其他关于量子力学的解释都失败了，其中就包括爱因斯坦寄予厚望的隐变量理论。

8. 隐变量理论

现在薛定谔已经打得玻尔一派丢盔卸甲、狼狈不堪，"小王子"德布罗意也想为大哥爱因斯坦做些事情。薛定谔的做法是将战火引到玻尔门前，而德布罗意则想要釜底抽薪，彻底熄灭哥本哈根诠释这堆火。

爱因斯坦提出的"量子纠缠"表明了玻尔的哥本哈根诠释还不是一个完备的理论，既然不完备，那么背后就应该有一个更基础的理论存在。

早在第五届索尔维会议上，德布罗意就提出了这种想法。德布罗意认为微观粒子既是粒子又是波，不过这波并不是概率波，而是粒子以波的形式运动，就好像是滑水运动员在大海中乘风破浪一样。

不过当时哥本哈根学派势头正盛，德布罗意话一出口，就被泡利怼了个体无完肤，爱因斯坦当时正把全部注意力放在反驳玻尔身上，并没有注意到德布罗意的想法，而德布罗意也没有对这种想法进行深入研究。

多年以后，在1952年，又有人重新发现了德布罗意的想法，完善了隐变量理论。

隐变量理论认为，微观粒子是有确定的位置和动量的，不过在测量时要遵循测不准原理，这样就把测不准原理归结为一种实验现象。量子力学的哥本哈根诠释认为，测不准原理概率波还有互补原理就是世界的本质，而隐变量理论则认为这些只是表面现象，在这些表面现象的背后还隐藏着一种更深入的变量，这也是隐变量理论名字的由来。这个隐藏的变量才是世界的本质，这样一来，世界就不再是测不准的了，而是确定性的了。

这也就说明上帝不是在掷骰子，爱因斯坦是正确的。

一种新理论的提出并不稀奇，科学本来就是百家争鸣的事情，可最关键的是，隐变量理论可以推导出所有的实验现象。

在这里，我们又要引入前面提到的第二条科学铁律——实验规则，只要理论符合实验数据，那么理论就是正确的。

对于科学来说，一马车的理论也未必抵得上一次实验，当初那个引爆整个量子力学的"一朵乌云"就是一次小小的实验。

后来玻尔原子模型也是符合了氢光谱数据才使得玻尔一战成名，至于泡利不相容原理、海森堡的矩阵力学、薛定谔的波动方程都是因为符合实验数据，才得以彪炳史册。

既然隐变量理论已经符合了实验，那么是不是意味着隐变量理论可以取代玻尔的哥本哈根诠释了呢？

这时候一位数学家站了出来，他说不行。

一群物理学家都整不明白的东西，数学家来凑什么热闹啊？这位数学家可不是一般的数学家，他就是"计算机之父"冯·诺依曼。

约翰·冯·诺依曼（1903—1957），美籍匈牙利数学家、计算机科学家

计算机之父又如何？这里讨论的可是物理学啊！

物理学又怎样？这位冯·诺依曼可不单是"计算机之父"，还是"博弈论之父"，更参与了制造原子弹的"曼哈顿计划"。

不过这些还都不算什么，他最重要的一个头衔就是——天才。

冯·诺依曼六岁就可以心算八位数的除法，九岁即精通微积分。想一想九岁的我们，还在学百位以内的乘除法呢。

冯·诺依曼闲暇之余写了一本《量子力学的数学基础》，在这本书中，他从数学角度提出了隐变量不可能存在。

不过对于物理学家们来说，数学家的证明总觉得有些名不正言不顺，虽然隐变量理论和哥本哈根诠释都能解释实验现象，但是两者并不相容，一个认为世界是测不准的，一个认为世界是确定的。这两种说法，总得有一个正确吧？

这时候爱因斯坦的小粉丝站了出来，说要试一试。

这位小粉丝就是贝尔。

在爱因斯坦和玻尔大战正酣的时候，贝尔刚刚出生，不过这不能阻挡他日后成为爱因斯坦的粉丝。

贝尔发现了冯·诺依曼论证中一个不严谨的地方，就在数学和物理学衔接的地方。

通过这个小漏洞，贝尔认为隐变量还是可能存在的，不过不能再用数学方法证明了，因为——用数学方法证明，那些物理学家可能根本就看不懂。

海森堡对此表示完全同意。

于是贝尔在1964年设计了一个实验，不过并不是思想实验，而是可以实现的实验，这就是贝尔不等式。

可惜的是，那个时候爱因斯坦和玻尔都已经去世了。

　　说贝尔不等式之前，我们先说一个"相关度"的概念，要是两个东西总是保持一致，就叫作正相关。比如我们班级中语文成绩好的同学，数学成绩也好；语文成绩差的同学，数学成绩也差，这就叫正相关，可以记作"1"。要是两个东西总是保持相反，就叫作负相关。就好比语文成绩好的同学，数学成绩却很差；语文成绩差的同学，数学成绩却很好，这就叫作负相关，可以记作"-1"。但是我们都知道，学习成绩一般并不会这么有规律，那么就是没有相关度，可以记作"0"。

　　这个概念在量子纠缠中就非常有用了。

　　我们还是再来看看爱因斯坦的手套吧。

　　玻尔打开快递的时候，看到自己收到的是左手手套，就知道了爱因斯坦留下的就是右手手套，那么这两只手套就是负相关。

　　在量子纠缠中，纠缠在一起的粒子的状态一直是相反的，其中一个粒子是左旋，那么另一个粒子一定是右旋，这就是负相关。贝尔通过测量两个纠缠在一起的微观粒子的相关度，提出了贝尔不等式。

　　简单来说，要是纠缠粒子符合贝尔不等式，那就说明隐变量理论是正确的，也就是爱因斯坦是正确的；要是不符合呢，那么玻尔就是正确的。

　　还是来打个比方，这次要请一对双胞胎出场了。

　　这对双胞胎不但模样没有差别，学习成绩也一模一样，哥哥会的，弟弟也会，弟弟不会的，哥哥也不会，这是不是有些不可思议啊？

玻尔认为这对双胞胎之间有心灵感应，这就是量子幽灵了；而爱因斯坦认为根本就不存在什么心灵感应，一定是双胞胎作弊了，这个作弊方法就是隐变量。贝尔不等式就是要检验一下双胞胎到底是有心灵感应还是作弊，要是符合了贝尔不等式，那就是作弊；要是不符合，就是有心灵感应。

可是贝尔没有想到的是，他本意是想帮助爱因斯坦，却宣布了爱因斯坦的错误，同时这也引起了人类历史上最诡异的实验。

9.
诡异的量子
延迟选择实验

贝尔不等式听起来也像一个无法实现的思想实验，毕竟要找到一对纠缠粒子并且测量粒子的自旋，怎么想都像是天方夜谭，不过随着技术的进步，这个验证实验还是实现了。

这个实验最难的是要找到一对纠缠粒子，科学家们费尽心机，终于找到了一对纠缠光子，可是实验做下来结果却不尽相同，有的实验结果支持爱因斯坦，有的则支持玻尔，并且实验精度不高，即便是支持玻尔的实验结果，也可能由于实验误差太大而不能让人信服。

直到20世纪80年代，延迟选择实验的出现才解决了这个问题，可是量子延迟选择实验却让人恐怖。

在说量子延迟选择实验之前，我们还是先回忆一下托马斯·杨的双缝干涉实验。

双缝干涉实验是物理学历史上一个著名的实验，这个实验第一次明确证明了光是一种波。

这次的量子延迟选择实验其实就是一个双缝干涉实验，不过这次不是用一束光，而是一对纠缠在一起的光子。玻尔和爱因斯坦争执的焦点就在于这对纠缠在一起的光子是不是传递信息。

爱因斯坦认为这对光子之间会传递信息，要是距离足够远，它们之间就来不及传递信息，所以量子力学是错误的。而玻尔认为纠缠光子之间并不传递信息，它们本来就是这样能互相知道对方的状态，因此量子力学正确。

对于纠缠在一起的电子来说，可以测量它们的自旋状态，要是一个电子是左旋，另一个电子一定是右旋；对于纠缠在一起的光子，就不能用左旋右旋了，应该用偏振了。

先说一下什么是偏振。

对于波来说，有横波和纵波，振动方向和传播方向相同的就是纵波，比如压紧的弹簧产生的波就是纵波，振动方向和传播方向都是沿着弹簧的长度方向；振动方向和传播方向相互垂直的就是横波，水面上的涟漪及抖起一根绳子产生的波都是横波。

对于弹簧产生的纵波来说，在前进路上不会受到什么阻碍，因为振动方向和传播方向一致，而对于横波，就可能出现问题。

要是我们上下抖动一段绳子，绳子会上下起伏，这就是绳子的振动方向是上下垂直的，传播方向自然是向前的，这种横波可以通过一扇竖直窄门。不过要是左右抖动绳子，绳子会左右摆动，传播方向还是向前的，这种横波可就通过不了竖直的窄门。这种横波不能通过竖直窄门的现象就叫作偏振。当然，这种左右摆动的横波可以通过水平的缝隙。

光波就是一种横波，也具有偏振现象。对于一对纠缠光子来说，两个光子的偏振角度是相互垂直的，但是我们只知道它们的偏振方向相互垂直，并不知道它

们具体的偏振方向，明白这个道理，就可以设计实验了。

首先让一对纠缠光子分别飞向两个不同方向，在它们的飞行路线上设置两个偏振片，要是两个光子其中一个一头撞在偏振片上，一个顺利通过，这就是说，两个纠缠光子的偏振方向是相互垂直的。不过这个实验还是有些问题，好比同时给双胞胎发了试卷，双胞胎四目相对，一瞬间知道了对方的想法，他们作弊就成功了。

那就让两个光子先飞得足够远，比如12米，这段距离对于光来说需要40纳秒才能传递信息，然后在光子的飞行路线上迅速插入偏振片，这个时间很短，只需要10纳秒，对于光子来说，绝对不可能在这段时间内给另一个光子传递信息。要是其中一个光子一头撞在偏振片上，就说明光子的偏振方向和偏振片方向垂直，由于我们已知偏振片的方向，相当于也知道了光子的偏振方向。

依照爱因斯坦的说法，知道了一个光子的偏振方向，要是没有信息传递给另一个光子的话，是不可能知道另一个光子的偏振的方向的。

可是，奇迹发生了！

另一个光子顺利地通过了偏振片，这就意味着在知道一个光子偏振方向的同时，我们也可以知道另一个光子的偏振方向，而它们之间是绝对没有信息传递的，因为时间上根本就不允许。

这就是光子延迟实验。在没有时间传递信息的情况下，我们也知道了另一个光子的状态。

　　好比是给坐在教室前头的哥哥和教室后面的弟弟同时发一份试卷，时间短到两人连对视一眼的时间也没有，当然更谈不上其他的作弊方式了，可是最后双胞胎还是给出了相同的答案，那只能承认双胞胎有心灵感应了。

　　看来上帝是真的在掷骰子，爱因斯坦真的错了。

10.

退相干

不过这些实验爱因斯坦和玻尔都没有看到，因为做实验时他们已经去世好多年了。

爱因斯坦生前曾经说过，"如果人们不去看月亮的话，那么月亮还会不会在天上？"这话虽然听起来有些沮丧，不过也算说中了玻尔的哥本哈根学派的痛点。

要是玻尔的哥本哈根诠释正确的话，那么我们走进教室的时候，不仅会从门口走进去，还可以变成一束波从墙上穿过去；我们赛跑的时候，跑得最快的同学却不一定是冠军，因为他的位置不能确定；足球场上的临门一脚，能不能射门得分只是一个概率，因为足球出现在什么地方只是一个概率，那么足球就会满天飞，说不准还可能落入自家球门。

但是这些都没有发生，在微观世界里的测不准原理和概率波之类的概念，在宏观世界都不会出现，这就是玻尔的哥本哈根诠释最难以服众的地方。别人提出的理论都适用于整个世界，凭什么就量子力学那么特殊，只适用于微观世界，到了宏观世界就一塌糊涂？

如果宏观世界和微观世界有一个边界，那么这个边界会在哪里？

海森堡非常勉强地提出了"海森堡界限"来作为微观世界和宏观世界的界限，要是粒子大小大于"海森堡界限"，就呈现宏观世界的特征；要是小于呢，就呈现微观世界的特征。不过随着实验精度越来越高，发现这个界限根本就是"薛定谔的界限"，看起来存在，却永远不知道在哪里。

既然又提到薛定谔了，还是来看看那只可怜的猫吧。

就算是没有粒子激发开关放出氰化物，这只猫也活不了，因为在猫所处的容器中，根本就没有空气。

为什么这么说呢？因为要是有空气的话，空气中的分子、原子、电子也都是微观粒子，它们也都符合波粒二象性、测不准原理和概率波，所以不必等镭元素衰变产生的 α 粒子触发机关，空气中的微观粒子随时会触发机关，所以就算这只猫憋住气苟延残喘几分钟，也逃不脱死与活叠加态。

不过这个叠加态是不能观察的，因为容器中根本就没有光，要观察猫的状态，就必须有光。光子本身也是微观粒子，也有可能触发机关释放氰化物，所以这只猫还是命运多舛。

从这里我们终于找到了"薛定谔的猫"的漏洞——只有将薛定谔的猫养在一个完全孤立的系统中，这只猫所处的环境与外界完全隔离，这种假想情况下的猫才会有可能出现猫既活又死的叠加态。

这样的话，我们不但找到了薛定谔的漏洞，也发现了一丝曙光。

薛定谔的猫要是出现这种诡异的死与活叠加态，只可能在没有空气、没有光的假想情况下出现。而这种假想情况，就算在广袤无垠的宇宙中，也不可能存在，因为在宇宙中也存在各种微观粒子。

既然这种和环境完全隔绝的情况不可能存在，那么在宏观世界中也就不可能出现薛定谔的猫的死与活叠加态了，这下，那只可怜的猫终于可以长舒一口气了。

对于宏观世界的猫来说，不管我们是不是去看一眼，它只能是死或活的状态。这又是为什么呢？

因为由于和环境接触，会产生很多叠加态——镭元素的辐射会产生一个叠加态，空气分子也会产生一个叠加态，光子也会产生一个叠加态，这样各个叠加态相互干扰，最后就会只剩下一种确定状态，这种理论就叫作退相干。

打个比方：小明同学是个学霸，每次考试都能考满分，但是我们要看的是整个班级的平均分，就会把所有同学的分数加起来算平均分，这样一来，我们班级的平均分就不可能是满分。要是小明同学一个人设立一个班级呢，那么这个班级的平均分就会是满分，当然，我们知道学校是不会给小明同学单独设立一个班级的，所以我们根本不可能看到某个班级的平均分是满分。

退相干理论消除了微观世界和宏观世界的界限，只留下一个退相干时间。而退相干时间则与粒子的大小和环境中粒子的多少有关，要是环境中的粒子很多，那么退相干时间会很短，短到根本观察不到。我们踢足球，足球相对于微观粒子来说太大了，并且足球周围的环境中还有无数的空气分子，那么退相干的时间就可以忽略不计了，于是我们也就观察不到足球出现波粒二象性、测不准的现象了。

退相干理论就是一座桥梁，打通了微观世界和宏观世界。在退相干理论中，环境就是一个筛子，把所有不符合我们宏观世界的现象都筛掉，只留下我们看到的美丽世界。

但是退相干理论并不是终极理论，在科学道路上，我们还有更长的路要走。在今天，量子世界的规律已经成为人类科学理论中最重要的一部分。

世界的真相是？没有真相

物理少年们推开微观世界的大门后，反而觉得关于"世界是什么样子"的真相更加扑朔迷离。世界那么大，不如去走走！

出发！
去真相的尽头！

爱因斯坦

德布罗意

老大，咱们去哪儿？

玻尔

祝物理学少年团第一次团建圆满成功

玻恩　海森堡　贝尔　薛定谔　泡利

现在请大家自由组合分成两队，小心上船。

玻尔号

爱斯号

乘风破浪吧！人类！

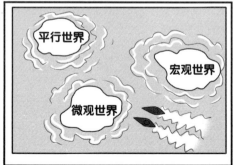

平行世界

宏观世界

微观世界

前面不远处就是微观世界了!

啊!爱斯号追上来了!

哼!微观世界的真相是我们的!

爱因斯坦不喜欢玻尔的量子力学解释,在第五次索尔维会议上对玻尔发起挑战,玻尔破解了爱因斯坦的电子衍射假想实验,玻尔胜。

全员准备,电子衍射弹——发射!

认输吧!爱因斯坦——S形变速反弹!

第六届索尔维大会,爱因斯坦提出光箱实验,玻尔破解了实验,玻尔胜。

哼!

相对论之矛

光箱实验

还早得很呢,让你们见识见识最坚硬的能挡住一切的光箱之盾!

可恶!竟然用我的相对论之矛破我的光箱之盾!

我还会再回来的!

第四章

量子世界

1. 蘑菇云

1939年夏天的一个普通日子，爱因斯坦的家门前来了三个人，邻居们对这些访客都习以为常了。

爱因斯坦的客人大多是他的同族犹太兄弟，由于纳粹德国对犹太人的迫害，越来越多的犹太人来到美国。大家一般都会找爱因斯坦写一封推荐信，毕竟他是有史以来最著名的犹太人，对于犹太人的请求，与人为善的爱因斯坦一向来者不拒，以至于每一个到美国的犹太人都有一封他的推荐信，这也使得爱因斯坦的推荐信含金量越来越低，简直就是废纸一张。

不过这三个人可不是找爱因斯坦写推荐信的，这三个人是来找爱因斯坦在一封信上面签名的。

这封信是写给美国当时的总统罗斯福的，信中请求罗斯福总统同意开展原子弹研究项目。因为爱因斯坦是当时最伟大的科学家，他的签名无疑会引起美国政府高度重视，还有一个更重要的原因——原子弹的研究理论依据就是爱因斯坦的质能方程。

质能方程是爱因斯坦在1905年提出的，说的是物质的质量可以转换为能量，依照爱因斯坦的质能方程计算，1克物质要是完全转换为能量的话，大约是25000000度电，一个家庭每个月大约消耗250度电，就是说1克物质转换的能量可以供一个家庭用8300多年。若是一瞬间释放出来呢？相当于20000吨烈性炸药同时爆炸，基本上可以毁灭一座城市了，这就是原子弹。

虽然原子弹研究的理论依据是质能方程，但也不足以成为热爱和平的爱因斯坦在信上签名的理由，因为没有一个人比爱因斯坦更清楚原子弹的威力了，原子弹要是研究成功，就会打开人类毁灭的大门。

不过爱因斯坦还是在信上签字了，因为那时候，战争的阴云已经笼罩在欧洲的上空，德国率先开始了原子弹的研究，要是让纳粹抢先造出原子弹，那么世界历史就要改变了。

虽然纳粹逼走了包括爱因斯坦在内的最优秀的科学家，不过作为当时世界科学的中心，德国还是有一大批优秀科学家的，这当中就包括海森堡。

海森堡接受了德国研制原子弹的任务，他对研究原子弹还是很有底气的，不仅仅因为他是量子力学大师，还由于德国科学家已经第一个实现了人工核裂变。

说核裂变之前，要先说一下放射性元素。

放射性元素是一种不稳定的元素，可以自发地释放出粒子或者射线，同时释放出能量，因为这种现象是自然发生的，所以就叫作自然衰变。

我们最熟悉的放射性元素应该是镭了，镭元素由伟大的居里夫人发现，作为放射性元素，镭元素释放出的能量惊人。它在黑暗之中可以发出幽幽的光芒，冬天还可以作为暖手炉取暖……放射性元素在释放出粒子或者射线时，也会损失一点质量，这点质量转换为能量就是光和热。

　　自然衰变的元素就像是一个大家族，家族大了，难免会有几个熊孩子，有了熊孩子就会有矛盾，这样大家族就变得不稳定起来，天天吵来吵去的。解决矛盾的最好办法就是分家，把熊孩子轰出家门，这样轰出去的就是 α 粒子或者中子，分家之后，家族就变得稳定了。

　　知道这个原理后，科学家们就想要是把一个熊孩子塞进这个家族里，那么是不是意味着这个家族就会变得更大一些，从而产生一个新的家族？对于原子来说，这就是一种新元素。

　　于是科学家们就开始用熊孩子，不，氢原子来轰击各种元素。果然，产生了新元素，其实也不能完全叫新元素，因为产生的元素都是自然界已经有的，这未免有点不过瘾。于是科学家们把目光对准了铀元素，铀是当时原子序数最高的元素，只要随便再塞进去一个，就会产生一种真正意义上的新元素了。

　　理想很丰满，现实却很骨感。科学家们用尽办法，却始终没有产生出新元素，这到底是为什么呢？

　　这就是因为产生了核裂变。

　　当熊孩子冲进大家族之后，使得大家族变得更加不稳定，没办法，那就只好分家，不过这次可不只是把熊孩子轰出去就算了，而是分成了一个中家族和一个小家族。但凡分家，都会乱哄哄的，难免要损失一点东西，损失的这点东西就是质量，根据爱因斯坦质能方程，损失的质量就会变成能量。

　　铀元素的裂变也可以在自然状态下发生，不过裂变发生得非常缓慢，半衰期要长达数亿年，这样算起来，即便是释放出巨大能量，分配到漫长的岁月中，也会变得微乎其微，基本上也就相当于一只萤火虫放出的光芒。不过要是给它们这大家族制造点矛盾呢？是不是就可以加速家族的分裂了？

有一些家族不够团结，我们随便打发一个熊孩子进去就能造成家族分裂。这样的家族就是铀235和钚239，只要我们向这两种元素发送中子，就有可能造出原子弹了。

发现了核裂变仅仅是有可能造出原子弹来，离实际造出来还差得很远，这个时候的核裂变就像我们去点一个炮仗，点一次就响一声，这可不是我们要的效果，我们想要的是，点一次就能噼里啪啦地响成一片！

那么"响成一片"还缺什么呢？还缺一条导火索。我们生活中见到的炮仗都是由一根导火索相连，只要点一次就可以了。那要从哪里去找到这条导火索呢？这个还真不用找，核裂变本身就带着一条导火索。

在核裂变的同时，不但铀家族分裂成了两个家族，同时还跑出来几个熊孩子——中子，要是这几个熊孩子继续跑到别人家里捣乱，让别的家族也造成分裂，分裂的家族继续有熊孩子跑出来，循环往复，裂变就会一直进行下去，也就由一声一声的炮仗响变成噼里啪啦一片响了。

要是真有这么简单的话就好办了！可是实际上，核裂变只是响了一声的炮仗，根本就没有连成片的迹象，问题到底出在哪里呢？

中子

铀核

铀核加中子

核分裂　　两个子核　　快中子

核裂变

　　问题就在于熊孩子因为是被轰出家门的，它们都跑得特别快，经过别人家的时候，"嗖"的一声就蹿了过去，根本就没有心思在别人家搞破坏。那我们如何能让熊孩子们发挥天性搞破坏呢？这就要让熊孩子的速度慢下来。

　　体育课上，我们跑步的时候都是在平整的跑道上，可以跑得很轻松、很快，要是在水中跑呢？是不是速度就慢了许多？水降低了我们跑步的速度。

　　所以要想降低中子的速度，必须掺杂减速剂，这个减速剂就是水。不过不是普通的水，而是重水。重水虽然也叫水，看起来也和我们平常喝的水差不多，同样是无色无味的透明液体，只是比普通水略微重一点，结冰的温度与沸腾的温度也略高一些，两者之所以有差别，是因为它们的分子结构不同，平时我们的饮用水是由氢原子和氧原子构成的，而重水则是由氢原子的同位素和氧原子构成的。

　　就是这一点差别造成了重水和普通水的性质完全不同，普通水是生命之源，不管是动物还是植物，都离不开水，重水却是剧毒，有生命的动植物要是"饮用"了重水，会立即死亡。就连中子也不喜欢重水，跑得飞快的中子遇到重水也会像中毒一样，奔跑的速度减慢下来，所以，重水天生就是中子的减速剂。

谁知，用重水做减速剂后，问题不但没有解决，反而变得更大了。

因为当时世界上最大的重水工厂在纳粹德国的控制之下，这样一来，德国造出原子弹的可能性就大了许多。为了不让德国率先造出原子弹，盟军协同游击队炸了重水工厂，可是炸了工厂，其他国家也一样没有减速剂啊，那到底还造不造原子弹了？

这就要靠费米了。

费米是意大利人，在"二战"期间，德国、意大利、日本是一伙的，德国迫害犹太人，作为盟友，意大利人也不甘人后……而费米的老婆正是犹太人，于是费米也琢磨着逃出意大利。

俗话说"穷家富路"，要想出门，钱包得鼓起来吧，何况这是逃亡。可当时意大利已经实行了外汇管制，每个人只能兑换五十美元，这点钱连买飞机票都不够。好在天无绝人之路，就在这危急时刻，传来了费米获得诺贝尔奖的消息。获奖的同时，还会有一笔不菲的收入，基本相当于费米十年的工资。

恩利克·费米（1901—1954），
意大利物理学家

有钱了还得有签证，费米打算领了奖金后就前往美国讲学，于是写了一份申请。

这个时候美国还没有参战，申请很快得到批准。不过中途出现了一件搞笑的事情，美国竟然要求所有到美国的人必须进行智商测试，智商低的就不能去美国，于是出现了对诺贝尔奖获得者进行测智商的奇怪现象。

历尽磨难，费米一家终于踏上了美国的土地。费米想到了用石墨作为减速剂来降低中子的速度，1942年，在芝加哥大学的地下网球场中，费米一声令下，世界上第一个核反应堆成功了。

费米逃出了德国，可是玻尔不太好逃……他倒是不缺钱，而是没有好理由啊……诺贝尔奖他也早就得过了……

最关键的是海森堡不想让他走，海森堡虽然自信满满，不过他一直担心玻尔会跑到美国研究原子弹，对于自己老师的实力，海森堡还是很害怕的。

玻尔并不是犹太人，不过他的母亲是犹太人，并且他积极帮助犹太人逃离纳粹的魔掌，早就上了纳粹的黑名单。

1941年，德国占领丹麦后，世界各国科学家纷纷邀请玻尔前去避难，可是玻尔舍不得离开他一手创建的哥本哈根研究所，就这样，玻尔一直留在了丹麦。

这天，海森堡来到玻尔家，不过海森堡并不是以学生的身份拜访老师，而是以占领军军官的身份。两个人那次的谈话内容至今仍是个谜，据说海森堡向玻尔介绍了德国原子弹研究的进展，不过玻尔一直保持沉默。

海森堡以为玻尔被吓破了胆不敢说话，而玻尔则不再相信他昔日的得意门生，多年的师生情义就此终结。

现在情况危急，玻尔就只能偷跑了。

神通广大的抵抗组织偷偷地把玻尔送上了一架小飞机，飞行员途中还贴心地提醒玻尔，要是在高空呼吸困难，可以戴上氧气面罩，可在飞机降落时，玻尔却晕了过去。一种说法是玻尔没有听到飞行员的嘱咐，想想当时混乱的情景，令人惊魂未定也极有可能。另一种说法就比较神奇了，据说是玻尔的脸太大了，根本就戴不上氧气面罩……

玻尔为什么不顾危险，要匆忙地来到美国呢？

因为有一个人要见他——这个人就是奥本海默。

这个时候美国制造原子弹的"曼哈顿计划"已经在洛斯阿拉莫斯启动，可是谁来做这个负责人却是个让人头痛的问题。

首先，这个人得是个内行，要知道"曼哈顿计划"的参与者都是物理学家，光诺贝尔奖获得者就一大堆，何况还有诸多德高望重的大师，要是弄一外行去，那还不得让这群大佬气得掀桌子？

其次，这个人得年富力强，虽然当时德高望重的大师不少，但大多都上了年纪，经不起太多折腾了。

这样看下来，可以挑选的范围已经很小了，这时有一个人脱颖而出，这个人就是奥本海默。

奥本海默算是半个天才，之所以这么说，是因为相比较的对象是泡利，面对泡利的"天才"，就连爱因斯坦、玻尔也要汗颜，所以说，"半个天才"也算得上很高的赞誉了。

尤利乌斯·罗伯特·奥本海默（1904—1967），美国物理学家

奥本海默本来打算投师卢瑟福门下，不过卢瑟福没收。奥本海默只好转投卢瑟福弟子"捡漏大师"玻恩门下。

在玻恩门下时，奥本海默也像泡利一样锋芒毕露，经常在别人演讲时打断人家，说一句"这样会更好"，这和泡利的"这还不算太错"有三分类似了，他就连老师玻恩的面子也不给，这让玻恩很无奈。

还是和泡利一样，他的学术之路也有点艰难。诸位英雄都已经功成名就时，他还没有一项拿得出手的成就，看来天才也不容易啊！

现在机会来了，奥本海默成了"曼哈顿计划"首席科学家，他终于有了用武之地。

选择奥本海默还真选对了，奥本海默不但内行，还精力充沛，最关键的是他特别能忽悠。

他能忽悠全世界的科学家来参与"曼哈顿计划"，除了玻尔。奥本海默认为玻尔能为"曼哈顿计划"提供巨大的帮助，玻尔自己却认为帮不上什么忙，毕竟他是理论物理学家嘛，因此玻尔并没有参与"曼哈顿计划"。

虽然玻尔没有参与，但对"曼哈顿计划"并没有太大影响，因为天才太多了，这其中就有少年天才费曼。

费曼就是后来提出量子力学第三种解释的那个天才，不过参与"曼哈顿计划"时他才十九岁，是跟着老师一起来的，没想到他却发挥了巨大的作用。

当时"曼哈顿计划"是绝密，参与的科学家都不清楚自己在干什么，可是费曼一来，就把计划内容向大家泄露了。

为什么大家都不知道计划内容，而费曼却知道呢？

因为费曼是一个撬锁高手，天底下就没有他打不开的锁，于是年少轻狂的他随便撬开了几个大佬的文件柜，看到了绝密内容。

奥本海默本来大为恼火，打算教训一下这个毛头小子，可没想到科学家们知道了计划内容，觉得自己是在为阻止战争而努力，工作效率陡然提高了一倍，这倒是出乎奥本海默的意料。

不过费曼的行为还是把基地吓得够呛，这说明基地的保卫系统存在巨大漏洞，这里不只有一群天才科学家和"曼哈顿计划"所有的绝密资料，还有上万吨的银子呢。

造原子弹要银子干吗？给科学家们发工资吗？

还真不是，这上万吨银子不是工资而是电线……美国当时虽然不差钱，可是

缺铜啊，当时正打仗呢，铜都用来造炮弹子弹了。"曼哈顿计划"需要用铜来做电线，并且用量巨大，最后美国国会一合计，用白银吧，白银导电比铜还好呢。

原子弹终于造出来了，但是效果如何没有人知道，要想知道效果，只能做实验，这恐怕是有史以来最昂贵的实验了。

凌晨五点半，原子弹爆炸了，所有人都惊呆了。不过最震惊的还是奥本海默。他想到了印度的一句古诗："漫天奇光异彩，有如圣灵逞威；只有一千个太阳，才能与其争锋。"奥本海默此时对那句"我就是死神，就是世界的毁灭者"深有体会。

这一瞬间，奥本海默理解了玻尔，玻尔并不是认为自己对"曼哈顿计划"帮不上忙，而是他清楚，原子弹的诞生将打开人类的毁灭之门。

众人都还没缓过神来时，只有一个人反应极其迅速，这人就是费米。

费米从口袋中掏出一把碎纸屑扔了出去，原子弹的冲击波把碎纸屑吹飞了好远，费米计算了一下碎纸屑飞出的距离，然后告诉大家原子弹的威力相当于2万吨TNT（三硝基甲苯炸药），这个结果和后来的测量相符。

虽然当时盟军已经在战场上取得了绝对优势，但美国人还是决定在日本投下原子弹，又有两朵直达天际的蘑菇云在广岛和长崎升起，这两座城市顿时成了人间地狱。

海森堡是在一座庄园里听到原子弹在日本投放的消息的。

美丽、震撼却带来毁灭的蘑菇云

当时德国已经战败，海森堡还有一群为纳粹德国制造原子弹的科学家都被抓了起来，不过他们没有被关进监狱，而是被安排到一座庄园里。

听到原子弹爆炸的消息，海森堡陡然发现自己错了，但并不是觉得自己为纳粹德国制造原子弹这件事错了，而是他计算原子弹的临界质量错了。

还是用炮仗来比喻一下吧。前面已经说了，核裂变就像是点燃了一个炮仗，链式反应就是导火索，不过想让炮仗响的声音大，就要看炮仗里面包含多少火药，要是低于某个数值，可能响几声就不响了，而这个最低数值就是临界质量。

再用科学语言描述一遍吧。

一个中子进入铀235，把铀235分成两个元素，损失了一部分质量，这部分质量转化成能量，同时又放出两个中子，这两个中子由于速度快，不能造成继续的核裂变，添加重水或者石墨作为减速剂后，这两个中子变成了慢中子，从而可以

继续引起核裂变，继续损失质量，转换成能量，这就是链式反应。

不过，要是铀235原子少的话，那么转换成的能量就不能造成巨大的爆炸效果，这样就不能成为原子弹。所以，当一块铀235的半径大于某一个界限时，才可能成为原子弹，而这块铀235的质量就是临界质量。

铀235

海森堡是构造数学模型的专家，他通过一个数学模型计算出了铀235的临界质量——14吨。

一个14吨的圆球，半径是54厘米。就是说至少需要14吨的铀235才可能造出一个原子弹，而当时就是集合全世界之力也不可能提纯这么多的铀235，所以当时海森堡认为根本就不可能造出原子弹。

可是海森堡算错了，这倒不是什么稀罕事，海森堡数学不好大家都知道，要不是数学不好，他也不至于矩阵力学跟人家分享了。只不过这次他错得有点离谱，足足差了140倍，奥本海默仅仅用了几十千克铀235就造出了原子弹。

本来德国是最有可能造出原子弹的，就算驱逐了一大批犹太裔科学家，也有足够的人才来研制原子弹，并且德国占领区里有世界上最大的铀矿和最大的重水工厂……没想到关键时刻海森堡算错了临界质量，这使得原子弹计划变得遥不可及。

这看起来是德国的不幸，却是全世界的幸运，要是德国提前制造出原子弹，世界的历史可能就要改写……

这个结果对于海森堡来说也算不错。

海森堡后来解释说，自己当时拜访玻尔的目的是想告诉玻尔德国科学家对原子弹的看法，因为制造原子弹耗费资源巨大，当时德国在战场上已经占据优势，德国科学家们让纳粹政府知道原子弹来不及在战场上使用。可是玻尔误解了他的意思，以为他要说德国在原子弹研究上的进展，所以玻尔表示了震惊，而海森堡又不能过多地去解释，因为他担心纳粹特工的监听。

海森堡的这套说辞既可以保护他学术上的尊严——他有能力制造原子弹，又站在道德高地上，他非但无罪，反而有功，是他迟滞了纳粹的原子弹计划。相反，奥本海默倒成了千古罪人，毕竟是他领导了"曼哈顿计划"，制造出了人类历史上最恐怖的武器。

不过这只是海森堡单方面的说辞，玻尔就不这么认为。

在听到海森堡的说法后，玻尔起草了一封信。

在信中，玻尔指出，他之所以保持沉默，让海森堡误以为他震惊，是因为他知道当时自己和海森堡已经处于两个敌对的阵营。不过这封信玻尔最终并没有寄出，或许是要挽救他曾经的学生的一点名声。因为不管从哪个方面来看，和纳粹合作都不是一件光彩的事。

奥本海默作为"曼哈顿计划"的首席科学家，原子弹的蘑菇云让他感到强烈

的内心谴责，后来他担任了原子能委员会主席，和爱因斯坦一起反对继续研制氢弹，并致力于原子能的国际控制和和平利用。此举引起了美国政府的猜忌，他被解除了职务，直到去世前才得到平反。

爱因斯坦非常庆幸自己没有参与"曼哈顿计划"，不必像奥本海默一样忍受内心的痛苦，不过原子弹的巨大威力，也让他为人类未来的命运担忧。

传说曾有人问过他第三次世界大战会使用什么武器，爱因斯坦淡淡一笑，说道："我不知道第三次世界大战使用什么武器，但我知道第四次世界大战使用的武器一定是石头！"在爱因斯坦看来，在蘑菇云下，第三次世界大战会毁灭人类文明，人类会重新回到石器时代。

1945年，原子弹爆炸之后，爱因斯坦担任了"原子能科学家紧急委员会"主席，这是第一个反对核武器的组织。

1951年，72岁的爱因斯坦

1951年，在爱因斯坦的生日宴会上，摄影师拍下了著名的爱因斯坦吐舌头的照片，这是他一贯的风格，用戏谑的态度对抗人世间的冷风凄雨，这一年，"原子能科学家紧急委员会"被迫解散了。

但是爱因斯坦并没有停下脚步，1954年，他号召美国人民和法西斯斗争，因此被臭名昭著的麦卡锡公开称为"美国的敌人"。面对指责，爱因斯坦则坦然回应不愿意在美国做科学家，宁愿做一个工人或者小贩。

睿智的玻尔一直在为避免原子弹的出世而努力，当他看到原子弹的研制已经不可阻挡时，他机智地远离了"曼哈顿计划"。后来他建议原子弹的秘密应该共享，以此达到国际间的力量平衡，为此他遭到了英美两国的猜忌。在游说大国无效后，玻尔只好把目光投向原子能的和平利用。

1950年6月，玻尔发表公开信，呼吁国际社会和平利用核能，苏联的第一颗原子弹爆炸后，国际原子能组织在防治核武器扩散措施中，有不少来自玻尔的建议。1957年，玻尔获得首次颁发的原子能和平奖。

最值得玩味的还是海森堡的态度，"重生"之后的海森堡幡然醒悟，在科学的道路上继续探索的同时，还致力于原子能的和平利用，并于1970年获得"玻尔国际勋章"，海森堡的一生也正如他的"测不准原理"一样，有点说不清楚。

虽然原子弹的诞生把人类置于毁灭之中，但是这些伟大的科学家并没有错，我们应该用人类的智慧来保护这颗美丽的星球。

虽然说原子弹改变了世界，但它终究只是大国间博弈的筹码，而计算机的出现和发展才是对世界最大的改变。

2. 量子计算机

在原子弹的研究过程中，虽然困难重重，不过群雄难得聚首，也算得上其乐融融。但这是对于大多数人而言，对于冯·诺依曼来说，恐怕是烦恼更多一些。

冯·诺依曼负责原子弹的计算工作，这项工作太难了，虽然关于冯·诺依曼在数学上的传说数不胜数——什么六岁时就能心算八位数乘法，八岁时精通微积分，他聪明的大脑基本上就相当于一台高速运转的计算机……不过关于原子弹的计算太复杂了，他也没办法一个人包揽全部。

最好的办法就是由冯·诺依曼把需要计算的部分分解成无数步骤，然后由很多人来分别计算。这对冯·诺依曼来说倒不是什么难事，毕竟他既精通数学，又是量子力学大师，他写的《量子力学的数学基础》直接宣告了爱因斯坦的错误。令人没想到的是，"曼哈顿计划"竟然雇了2000多名妇女用计算器来计算！

这一招后来各国竞相模仿，我国制造原子弹时，也是大家用算盘打出来的。

虽然完成了任务，但是冯·诺依曼并不满足，他想，是不是可以利用机器来完成这烦琐的计算工作呢？

我们先来看一下冯·诺依曼的计算过程吧。

首先是提出问题，然后由数学家把问题分解，再分配给其他人计算每一个小问题，最后汇总结果，得出结论。

这其实就是现代计算机的计算模式。比如我们让计算机计算100×100，计算机可不会乘法，计算机只能把100个100相加，不过计算机计算的速度非常快，计算100个加法的时间比我们计算一个乘法的时间还短。

这基本上就是计算机的雏形了，不过这种"计算机"的每一个部件都是活生生的人，这些人都会加减乘除，要是稍加训练，还会解方程。冯·诺依曼要的不是活的生物，他要的是冷冰冰的机器。

无独有偶，就在冯·诺依曼为计算烦恼的时候，美国的弹道研究实验室也在为计算发愁。当时美国军方要实验室每天提供六张弹道表，而每张弹道表要200多名训练有素的计算人员用两个月的时间才能完成，这显然不能满足军方的需求，于是产生了制造一种专门用来计算的机器的想法。

1944年夏天的一天，正在火车站候车的冯·诺依曼遇到了当时弹道研究实验室的军方负责人，经过简短的交谈，冯·诺依曼得知了弹道研究实验室研制计算机的计划，他立即意识到这项工作意义非凡，并表露出对研究工作的兴趣。

1946年，世界上第一台计算机诞生了，这就是ENIAC（电子数字积分计算机）。关于ENIAC是不是第一台电子计算机的说法一直争论不休，有人说在此之前的ABC（阿塔纳索夫-贝瑞计算机）才是第一台电子计算机，还有人说"二战"期间图灵用来破解纳粹德国密码机的设备就是计算机……暂且不管谁是第一，有一点是大家都承认的，那就是计算机已经诞生了。

不过作为一个初生的婴儿，ENIAC太大了，简直就是一个巨婴。

当时的ENIAC可没有今天的电脑这么轻巧。它重达30吨，占地170多平方米，高2.4米，就连现在的三居室都装不下。它的运算速度现在看来也不算快，每秒钟可计算5000次加法，不过这已经是相当于1000个人的计算量了。

ENIAC的诞生必将改变世界。

ENIAC

虽然冯·诺依曼为ENIAC的诞生付出了巨大的努力，但是ENIAC还算不上他的"亲生孩子"。因为ENIAC并没有采用冯·诺依曼结构，也没有采用二进位制。

1945年，冯·诺依曼发表了存储程序通用电子计算机方案，以后所有的计算机都依照冯·诺依曼的设计制造。在这份方案中，冯·诺依曼提出了现代计算机的冯·诺依曼结构，冯·诺依曼结构指出电子计算机应该包括运算器、控制器、存储器、输入设备和输出设备，并描述了这五部分的职能和相互关系。

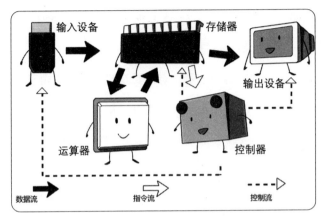

输入设备　　存储器

输出设备

运算器　　控制器

数据流　　指令流　　控制流

冯·诺依曼结构

冯·诺依曼结构看起来有些高深，其实这种结构早就有了，就是中国的算盘。

我们下面用算盘来说一下冯·诺依曼结构吧。

计算机有键盘，那就是输入设备，而算盘上的算珠也是输入设备。

计算机有显示器，那就是计算机的输出设备，算盘上的算珠同样具有这个功能。

计算机用存储器来存储各种中间计算结果，算盘呢？还是算盘珠啊！要是用算盘计算到一半突然有事离开了，那么这些中间结果还保留在算盘上，这就是"存储器"。

接下来是最重要的——运算器和控制器。在现代计算机中，这两块合为一体，就是俗称的CPU，也叫作中央处理器。这个算盘还真没有了，不过要是和我们的大脑结合起来就有了。算盘的运算机制就储存在我们的大脑中，也就是算盘

的计算口诀，比如"一下五去四""一去九进一""二退一还八"等。

那么计算机的运算机制又是怎么回事呢？

还是举一个你们好理解的例子吧。老师要是想知道班级里有多少个同学，可以有很多种方法：可以一个一个数一遍，也可以算一下教室里一排有多少人，再数一下有多少排，然后做乘法，这些都是运算机制。不过这些都不是计算机的运算机制，因为这种运算机制需要具有非常高的分析能力，至少得懂加减乘除。

计算机的运算机制是发出报数指令，然后每一个同学都在前一个同学的报数数字的基础上加一就可以了，这样最后的数字就是班里同学的总数，这种运算机制就是计算机的运算机制。

这种运算机制只需要每一个个体会一个基本功能就可以了，比如只会开和关。

这就是冯·诺依曼对计算机系统最大的贡献——二进位制。

二进位制是牛顿同时代的数学家莱布尼茨发明的，不过在数学家手下，二进位制只是数学游戏，直到冯·诺依曼把二进位制引入计算机系统，二进位制才焕发了新的光彩。

什么是进位制呢？

说起进位制，我们最熟悉的应该是十进位制，就是逢十进一。即表示十以上的数字时，我们只需要进一位，用两位数来表示。这样就可以用有限的数字个数来表示无限大的数值。

另外，还有六十进位制。比如一分钟有六十秒，超过六十秒的时候，我们就进位为一分钟。还有二十四进位制，一天有二十四个小时，超过二十四个小时的话，我们会用一天来表示……

二进位制在生活中很常见，比如手套、袜子，两个就是一双，这就是二进位制。中国是世界上最早使用二进位制的国家，我们的阴阳八卦就是使用了二进位制。

二进位制对计算机来说非常重要，因为计算机是机器，二进位制对于冷冰冰的机器来说更加简单，实现起来也更加容易。而像算盘的五进位制和我们常用的十进位制，对它来说就太复杂了。

有了冯·诺依曼结构和二进位制，冯·诺依曼于1949年8月制造出了EDVAC（离散变量自动电子计算机）。和它的前辈ENIAC不同，EDVAC是世界上首台利用了冯·诺依曼结构和二进位制的计算机，也是以后所有计算机的标杆。

现在计算机已经进入了我们生活的方方面面，无论是工作生活还是娱乐购物，都离不开计算机。虽然计算机本身已取得了巨大的进步，但目前为止，所有的计算机都还没有超出冯·诺依曼计算机结构。

EDVAC是电子管计算机，随后又发展出了晶体管计算机，它们都是把一个个电子管或晶体管连接起来，这就不可避免地令计算机个头非常庞大，并且若某一个电子管或者晶体管损坏，就会造成整台计算机瘫痪。计算机高速运算换来的高效率又会被计算机的维修维护拖后腿。

这一切都在集成电路出现后解决了。

集成电路就是把电路刻在硅片上,这样只要电路刻得足够密集,芯片就会变得足够小,从而实现计算机微型化。随着技术的进步,芯片会越来越小,因此英特尔公司创始人之一戈登·摩尔提出了恐怖的摩尔定律。

集成电路芯片

摩尔定律主要有两种说法:

第一种说法是集成电路芯片上所集成的电路的数目,每隔十八个月就翻一番。

第二种说法是微处理器的性能每隔十八个月就提高一倍,而价格下降一半。

从以上两种说法可以看出,摩尔定律有两方面内容。首先是计算机的性能会呈现指数增长，这样计算机就可以实现持续高速发展。其次，计算机的价格会持续下降，这将使计算机越来越广泛地应用于我们的生活中。

至于为什么说摩尔定律恐怖，那是因为指数增长。还是先来解释一下什么是指数增长吧。

先来看一道数学题：有一个池塘，池塘里面的浮萍每天都比前一天增长一倍，二十九天后浮萍铺满了池塘的一半，那么铺满整个池塘还需要几天？

答案是一天。因为最后一天的浮萍会比上一天也就是第二十九天增长一倍，恰好铺满整个池塘，这就是恐怖的指数增长。

由此可以看出，指数增长的速度是非常快的，而摩尔定律说的就是计算机的性能会实现指数增长，只不过增长的周期变成了十八个月左右，即便是这样，增长速度也是惊人的。

"惊人"这个词到底有没有在夸张呢？还是来举个关于指数增长的例子吧。

在古印度，有一个丞相发明了国际象棋，国王非常高兴，要赏赐这位聪明的丞相。这位丞相提了一个"小小"的要求，他只要几粒麦子，不过要按照他的要求来给。国际象棋一共64个格，丞相要求在第一个格里放一粒麦子，第二个格里放两粒麦子，第三个格里放四粒麦子，依此类推，每一个格子里都比上一个格子多一倍的麦子。

国王闻之龙颜大悦，深深为丞相的智商担忧，敢情丞相就是个二傻子，这一共才有几粒麦子啊？可是还没放满一半格子，国王就感到原来自己才是个大傻

子，这时候整个国家的粮库都搬空了。

那么要是放满这个国际象棋的棋盘，到底需要多少麦子呢？

一共需要18446744073709551615粒，别数了，还是折算成吨吧——两千多亿吨。即便是今天，全世界每年小麦产量也只不过是7亿多吨，这就是说，把全世界300年产的小麦都给了这位贪心的丞相，才可能满足他"小小"的要求。

这就是指数增长的恐怖。要是摩尔定律一直正确的话，只要过上18×64个月，大约一百年，我们的计算机技术就可以逆天了。可是，现在时间已经过半，计算机技术要想继续高速发展，已经有点难以为继了，这是为什么呢？

原因很简单，摩尔定律是不正确的。

摩尔定律并不是一个科学定律，而仅仅是一种推测，就好像小明同学第一次考试只考了10分，但是小明同学很努力，第二次考了20分，第三次就考了40分，看到小明同学的进步，老师高兴地说小明同学以后每一次考试都会比上次考试的分数增加一倍，我们知道老师的推测一定是错误的，因为最高分就是100分，这就是成绩的天花板，无论小明同学多么努力，他也不可能超过100分。

在计算机行业，量子力学早就设置好了天花板。

这个天花板就是量子隧穿。

先来解释一下什么是量子隧穿吧。

在宏观世界——也就是我们的日常生活中，我们要走出房间，只能通过房门走出去。要是房间里有两扇门，要么从这扇门走出去，要么从另一扇门走出去，这就是计算机的二进位制，是不存在第三种选择的。

可是到了微观世界，就有变化了。微观粒子除了有可能从两扇门走出去，它们还有第三种选择，就是从墙上穿过去。

每一个微观粒子就像是坐井观天的青蛙，这些青蛙要想去找别的青蛙一起玩，最直接的办法就是跳出自己的井，到别的井中去，要是青蛙跳不出自己的井呢？那它们就只能通过声声蛙鸣来和其他青蛙一起玩了。跳不出井的青蛙一定很苦恼，一定希望自己具有崂山道士般穿墙而过的能力，而这种能力在宏观世界自然是不存在的，但是对于微观粒子来说，这倒不是什么太难的事情。

在前面我们介绍过海森堡的测不准原理，这是每个微观粒子都具有的特征。测不准原理表明，不但微观粒子的位置和动量无法同时确定，它们的时间和能量也无法同时确定，这就意味着在某个时间微观粒子的能量会非常高，可能高到足

以跳出自己的井，到别的井中去，这就好像是青蛙在井和井中间挖了一条隧道穿过去一样，这就是量子隧穿效应。

随着计算机技术的发展，现在一个晶体管可以做到几纳米大小，而原子的大小差不多是0.1纳米，晶体管已经接近原子的尺寸，于是这个晶体管就呈现出量子特征，可以出现量子隧穿效应了，这就意味着电子可以随意穿梭晶体管之间的壁垒，就好像我们不但可以通过门走出去，也有可能穿墙而过。

同时还意味着计算机的二进位制失去了效用，既然二进位制不行了，那采用三进位制、四进位制呢？还是不行，因为根本就不知道电子从什么地方、什么时候穿墙而过，因为测不准嘛，只要晶体管的大小接近原子大小，传统的冯·诺依曼计算机结构就不能继续前行了，摩尔定律自然也就失效了。

那么计算机技术是不是就这样停滞不前了呢？

当然不是，既然量子力学为计算机设置了天花板，那干脆设计一种新的计算机吧！这种新的计算机要天生就在天花板之上，这就是量子计算机。

量子计算机的设想是由"天才少年"费曼提出的，只不过他提出时已不再是少年了。他是量子力学大师，量子力学的第三种解释路径积分就是他提出的。现在大家可以看出计算机和量子力学的关系没？经典计算机冯·诺依曼结构的提出者冯·诺依曼是量子力学大师，而新一代计算机量子计算机设想的提出者也是量子力学大师。

量子计算机有哪些优势呢？

首先说一下二进位制。

经典计算机是用电位的高低来实现二进位制的，高电位就是1，低电位就是0，而对于量子计算机来说呢？

量子计算机天生就有二进位制的特性，这还要麻烦天才泡利站出来说一下，此时泡利早已经去世，但是他的泡利不相容原理还在熠熠生辉。

依据泡利不相容原理，电子本来就具有左旋和右旋两种不同状态，这就是天生的二进位制，当然，量子计算机不必完全用电子，还可以用光子，而光子的偏振态也可以轻易实现二进位制，这就是量子计算机得天独厚的条件。

再看一下量子计算机的存储。

说起存储，大家都很熟悉，我们的手机有64 GB、128 GB、256 GB、…电脑的硬盘也有1 TB、2 TB、…这些都是存储单位，即把计算机的信息放在一个地方，需要的时候再提取。随着计算机技术的发展，硬盘的存储空间也越来越大。

而存储对于量子计算机来说就简单多了，可能只需要几个原子就可以了。

我们用薛定谔的猫来解释这个问题吧。

薛定谔的猫是整个量子力学的噩梦，却是量子计算机的幸运星，它不处于任何一种确定的状态，是死与活叠加态。对于量子计算机来说，就要同时存储猫咪两种状态信息，这意味着量子计算机的存储可以比经典计算机大一倍，这还只是一只猫，要是有两只猫呢？N只猫呢？是不是又看到了恐怖的指数增长了？

由于量子叠加态的存在，量子计算机可以实现并行计算。

我们在做数学题的时候，都是每次只能做一道题，不可能看一眼试卷同时开始做每一道试题，现在的计算机其实和我们人类一样，都是每次只能进行一次计算，只不过计算机是靠电流传输的，而我们人类是靠神经传输的。虽然我们的计算速度远比不上计算机，不过原理上还是一样的。

而量子计算机由于量子叠加态的存在，可以实现并行计算，可以同时开始做试卷上的所有题目，这种神奇技能想想就令人激动。

由于并行计算，量子计算机的运行速度大大增加，用我国超级计算机"天河二号"来做一下比较，"天河二号"不停歇地计算100年的运算量，对于量子计算机来说，只需要0.02秒，这个差距实在太大了。

"天河二号"超级计算机

虽然量子计算机具有如此多的优点，但是目前量子计算机还只是一个呱呱坠地的婴儿，距离蹒跚学步还有很大一段距离，更不要说健步如飞了。

现在摩尔定律的问题解决了，定律是否失效已经没有人再关心了。

　　大家把主要问题都集中在如何制造量子计算机上，这又是一个艰难的探索过程，不过，对一直努力前行的人类来说，这都只是时间问题，现在曙光已在眼前，只要我们大胆地走下去，终究会看到满目阳光的那一天。

量子力学的应用不仅仅是核武器和计算机，它已经遍布我们生活中的方方面面。

【激光】

激光这件事情还得从爱因斯坦说起，1917年，爱因斯坦提出了激光理论。

爱因斯坦指出，在原子中有不同数量的粒子分布在不同能级上。这个说法是不是有点熟悉？对的，这就是玻尔的原子模型。

在高能级的粒子受到光子激发，会从高能级跃迁到低能级，还是感觉熟悉吧？这就是光电效应。

在粒子从高能级跃迁到低能级的时候，会辐射出和激发它的光子完全相同的两个光子，而这两个光子继续激发高能级的粒子，高能级的粒子向低能级跃迁时，又会激发出四个完全相同的光子，这就和原子弹中的链式反应一样，光子越来越多，并且性质完全相同，这样就形成了激光。

由于辐射出来的光子性质完全相同，自然它们的频率也相同，而光的颜色是由频率决定的，因此激光都是单色的，这是激光的一个重要特征——单色性。

因为激光的单色性好，基本上不会受到干扰，这对于通信来说非常重要，这使得激光通信基本上不受干扰。

激光还被称为"最快的刀"，这个"快"可以从两方面说：

一个"快"是说激光可以削铁如泥，如同宝刀一般锋利。激光的能量由它的频率决定，对于可见光来说，激光的频率并不高，可是激光的作用范围非常小，通常只有一个点，因此激光的能量密度非常大，可以轻松烧穿钢板，在工厂里可以胜任切割钢板和打孔的工作。

激光的"快"另一个方面就是速度快。

激光是光，速度当然和光的速度一样，都是宇宙间最快的速度。这一点要是应用在军事上就太可怕了，高速飞行的飞机要是被激光锁定，根本就没有逃跑的机会，在被锁定的一瞬间，激光就可以贯穿飞机。

激光还是最亮的光。

在原子弹试爆现场，"原子弹之父"奥本海默曾感叹原子弹的光芒比一千个太阳还亮，可原子弹爆炸时的亮度比起激光来就有点小巫见大巫了。激光的亮度可以达到太阳光的一百亿倍，或许就是传说中的"闪瞎狗眼"。

最后来看一下激光的精确度。激光被称为"最准的尺"。我们在进行近视眼治疗手术时，激光可以准确无误地在我们的视网膜上操作。

【核磁共振】

在《三国演义》中，曹操得了头风病，头痛欲裂，痛苦不堪。他请来神医华佗，华佗给出的治疗方案是劈开曹操的脑袋，取出风涎，也就是肿瘤。不料曹操勃然大怒，以为华佗要害他，一怒之下，杀了这位神医。

华佗之死，当然和曹操多疑的性格有关，不过也和当时的医疗技术分不开。要是当年有核磁共振技术，说不定曹操会欣然同意华佗的治疗方案，饶了神医，顺便也救了自己。

核磁共振是量子力学兴起之后才有的技术。

要说核磁共振技术，就要先说电和磁的关系。

早在量子力学产生之前，人们就了解了运动的电荷可以产生磁场。既然运动电荷可以产生磁场，那么每一个质子都会产生一个小磁场。又因为质子自旋有左旋和右旋两种状态，于是不同自旋方向的质子产生的磁场方向也不相同。

要是给质子加上一个外部磁场，那么质子就会处于高能态和低能态两种能态，和外部磁场方向相同的质子就处于低能态，相反的就处于高能态。

要是此时用光照射质子，质子吸收光子能量后，就会由低能态跃迁到高能态，这就是说，质子吸收光子后，质子的自旋方向改变了，再撤去光子，质子就会从高能态跃迁回低能态，同时放出光子。

这是只针对一个质子，要是有很多质子呢？只要分析发出光的光谱，就可以知道质子原来的状态。

可是这要如何应用到医学上呢？

只要把我们人体放到一个强磁场环境中就可以了。不对，还没有质子呢。其实我们人体大部分都由水组成，而水是由两个氢原子和一个氧原子组成的，氢原子核就是质子。

所以核磁共振设备就是一块大磁铁，人体进入大磁铁的强磁场中后，对人体发射电磁波，在人身体水分中的氢原子就从低能态跃迁到高能态，然后撤去电磁波，高能态的氢原子就会跃迁回到低能态，这时候"人体就会发光"，记录这个时候的光子的数据，就能了解人体的状况，再经过一系列的复杂成像，就会展现出人体内部的组织状况，有利于医生对我们的身体做出判断。

【光电开关】

阿里巴巴站在山洞前，喊了一声"芝麻开门"，宝藏的大门就打开了。这是阿拉伯故事集《一千零一夜》中的《阿里巴巴与四十大盗》的故事，这听起来确实很神奇，不过放在今天，就变得很平常。我们现在只要走近宾馆饭店、商场大厦，大门就会自动打开，都不用喊"芝麻开门"。这背后的"魔法"，就是量子力学。

自动门的出现，要得益于爱因斯坦对光电效应的解释。

早在量子力学兴起之前，赫兹就发现了光电效应，他发现当用光照射某些金属时，这些金属就会发射电子形成电流。1905年，爱因斯坦用光子的观点解释了这一现象，得出了光具有波粒二象性，开启了量子力学的大门，爱因斯坦也因此获得诺贝尔奖。

当靠近自动门时，我们的身体遮掩了自动门和传感器之间的光线，本来自动门之间的光线可以接通电路，使得自动门处于关闭状态。而我们的身体遮挡光线之后，电流消失，电路断开，自动门就打开了。

光电开关不只是用来开门关门，在消防系统上也有重要应用。

影视剧中，我们见过大楼内烟雾缭绕，人们惊慌失措的时候，报警灯开始闪烁，警报声也随之响起，这可能并不是有人按下了报警按钮，而是烟雾报警器默默地承担起了它的责任。

烟雾报警器其实就是一个光电开关。平时烟雾报警器的光电开关发送器和接收器之间有光线照射，同时也有电子传输，电路处于接通状态，要是烟雾弥漫的话，烟雾就遮挡了光线，光线不能传输，自然电子也就不能发射出去，这样电路就会断开，同时报警电路会被接通，报警器就会发出声、光报警。

不知道你们有没有听说过"头悬梁，锥刺股"的故事，其中"锥刺股"说的是战国时期政治家苏秦刻苦读书的事情，苏秦不但读书勤奋，他还有一项特殊本领，那就是"目识群羊"。

传说苏秦看到一群羊，只看一眼就能知道有多少只羊。这确实很神奇，不但要目光敏锐，还要有非常强的心算能力，不是平常人能做到的，但这个难度对于光电开关来说就不值一提了。

只要在羊通过的路上设置一个光电开关，每有一只羊通过，光线就会被遮挡一次，相应地，电路也就被切断一次，同时计数器进行一次计数，这样一来，不要说一群羊，就算成千上万只羊也不在话下。

这种可以计数的光电开关还可以应用在给工业产品计数上，一天下来，生产了多少产品一目了然，不用再一个个去数了。

　　再比如，操作一些非常危险的机器时，如果安装了光电开关，工人不小心把手伸进机器中，也不会受到伤害。因为光电开关会在感应后切断电流，机器就会立即停下来。

　　现在全球三分之一的经济都和量子力学息息相关，并且宇宙的起源、生命的诞生及意识的产生也都与量子力学密不可分，作为20世纪最伟大的发现之一，量子力学确实当之无愧。

　　随着时代的进步，量子力学逐渐成为一种经典理论。新的理论，比如夸克理论、超弦理论，也都崭露头角。要是量子学派诸位大师仍然在世的话，一定会为之感到高兴。

　　科学从来都是向前的，理论可能会成为稍纵即逝的流星，但科学精神将永恒照耀在人类前进的历史上。

物理学
大神图谱

好友

姓名：玻尔
职业：丹麦物理学家
成就：玻尔原子模型、量子力
学创始人、互补原理

姓名：爱因斯坦
职业：德国物理学家
成就：相对论、光电效应、
量子创始人

师生

姓名：惠勒
职业：美国物理学家
成就：核裂变液滴模型、延迟
实验、黑洞理论

师生

姓名：费曼
职业：美国物理学家
成就：路径积分

170

姓名：费米
职业：意大利物理学家
成就：原子弹链式反应

师生

姓名：奥本海默
职业：美国物理学家
成就：原子弹之父

师生

姓名：玻恩
职业：德国物理学家
成就：量子力学创始人、矩阵
力学、波动方程解释

师生

姓名：海森堡
职业：德国物理学家
成就：矩阵力学、测不准
原理

量子力学——最伟大的发现

科学的进步，正如一枚硬币的两面，有正义也有邪恶，有温柔也有残酷。量子力学的发展史上，有一个备受质疑的重要发明——原子弹。

原子弹的理论原理，是爱因斯坦在1905年提出的质能方程——物质的质量可以转换为能量。

天才的方程怎么会错呢？

老师，秤是不是坏了？

原子核可以自发地释放出粒子或者射线，在此过程中损失一点质量，同时释放出巨大的能量。因为这种现象是自然发生的，所以叫作自然衰变。

自然衰变的周期很长，甚至长达数亿年。科学家为了缩短这个周期，以元素铀235做实验，经过核裂变和链式反应，最终成功研制出了"原子弹"。1945年7月16日，美国成功爆炸了世界上第一颗原子弹。科学家们称这项发明"推开了人类毁灭的大门"。

……

……

8月6日和9日，美军对日本广岛和长崎投掷原子弹，造成大量平民和军人伤亡……

无论怎样，科学本身并没有错，我们相信科学家们会始终秉持爱与正义，用智慧来守护这颗美丽的蓝色星球。

为了地球！

如果说原子弹的发明备受争议，那么计算机的出现和发展，毫无疑问收获的全是鲜花和掌声。

今天拿到这个奖，首先我要感谢我的家族……

说到计算机的"大家族"，要从1946年世界上诞生的第一台计算机ENIAC（电子数字积分计算机）说起。当时的ENIAC重达30吨，占地170多平方米，高2.4米。

呀，上电视了！

ENIAC的出现预示着人类进入全新时代。

计算机太爷爷——电子数字积分计算机

早在1945年，冯·诺依曼就提出了冯·诺依曼结构，并于1949年8月制造出了EDVAC（离散变量自动电子计算机）。EDVAC是世界上首台利用了冯·诺依曼结构和二进位制的计算机，也是以后所有计算机的标杆。

EDVAC——变身！

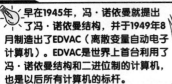

计算机爷爷——离散变量自动电子计算机

EDVAC问世以后，相继发展出了电子管计算机和晶体管计算机，它们都是把一个个电子管或晶体管连接起来，这就令它们的个头非常庞大，并且若某一个电子管或者晶体管损坏，就会造成整个计算机瘫痪。

嗳嗳嗳，什么时候才能瘦下来呀？

胖也不是我们的错，遗传懂吗？遗传！

计算机舅舅——电子管计算机
计算机爸爸——晶体管计算机

所有问题都在集成电路出现后解决了。集成电路就是把电路刻在硅片上，只要电路刻得足够密集，芯片就会变得足够小，实现计算机微型化。

计算机姐姐——集成电路计算机

人类对于计算机技术的探索从未止步，量子计算机与传统计算机相比，它的体积更小，存储量更大，速度更快！超级计算机不停歇地计算100年的运算量，量子计算机只需要0.02秒！

计算机Baby——量子计算机
天选之子；未来科技之光；计算机家族继承人……

现在全球三分之一的经济都和量子力学息息相关，并且宇宙的起源、生命的诞生及意识的产生也都与量子力学密不可分，作为二十世纪最伟大的发现之一，量子力学确实是当之无愧。

海森堡
薛定谔
爱因斯坦

量子力学
玻尔
泡利
德布罗意

超弦理论

夸克理论

随着时代的进步，量子力学逐渐成为一种经典的理论，新的理论，比如夸克理论、超弦理论，也都崭露头角。虽然理论可能会成为稍纵即逝的流星，但科学精神将永恒照耀在人类前进的历史上。

后记

科学的终结？

科学，是人类走出蒙昧、走向光明的唯一武器，在科学的征途中，不但需要鹰一般敏锐的目光，还需要老黄牛一般坚韧不拔的精神。

在科学史上，狂妄的人类曾经多次提出"科学已经终结"的说法，可是每次都被现实疯狂打脸。

在20世纪初，人们认为科学已经终结，以后的物理学家只要把实验做得精确一点就可以了，可随后的"两朵乌云"就带来了一场狂风暴雨。

在狄拉克写出狄拉克方程后，就有人断言科学已经终结，可随着夸克理论及标准模型的提出，又一次粉碎了这种妄言。

最近一次宣称科学已经接近终结的是《时间简史》的作者霍金，不过这一次并没有引起人们的重视，人们从历史中汲取经验，再也不会相信这种说法了。

量子力学毫无疑问是人类历史上最伟大的科学成就之一，不过也并不是一种完美的理论，更不是科学的终结。

即便是在今天，科学的道路上依然有许多奥秘等待发现和探索，希望读完这本书的你们，能在欣赏科学的沿途美景时，也燃起对科学的热爱之火。